도쿄 카페 멋집

일러두기

본문은 국립국어원의 외래어표기법을 따랐으나 예외적으로 카페 이름 및 메뉴, 지명 등 고유명사는 현지 발음에 가깝게 표기했습니다.

TOKYO O TABI SURU ISEKAI KISSATEN MEGURI

First published in Japan in 2023 by KADOKAWA CORPORATION, Tokyo.
Korean translation rights arranged with KADOKAWA CORPORATION, Tokyo through Danny Hong Agency.

도쿄 카페 멋집

공상찻집 도라노코쿠 지음
김슬기 옮김

B 북폴리오

들어가며

기억하시나요?
휴대전화가 없던 시절,
약속 장소는 늘 카페였습니다.

들뜬 마음으로 약속 시간까지 카페에서 우아하게 시간을 보내던 시절.
세월이 흘러 이제는 무엇이든 풍요로워져 오락의 선택지도 다양해졌습니다.

하지만 그럼에도 집과는 다른 특별한 공간이
지금도 이렇게 계속 존재한다는 것은
우리 마음에 적지 않은 위안이 되는지도 모릅니다.

누군가와 이야기하기 위해, 혼자 편안한 시간을 보내기 위해
공부나 일을 하던 중 기분 전환을 하기 위해
문득 멈춰 서고 싶을 때나 뒤돌아보고 싶을 때에도
카페를 찾는 사람들은 분명 여러가지 이유로 모여들 것입니다.

이 한 권의 책이 도쿄라는 도시를 둘러보면서
깊은 생각에 잠길 여러분의 여행길에 함께하길 바랍니다.

공상찻집 도라노코쿠

코히테이(p.108)

CONTENTS

CHAPTER 1 아기자기한 동화 속 카페

CHAPTER 2 유럽을 여행하는 듯한 앤티크 카페

CHAPTER 3 달콤한 위로를 주는 작은 아지트 카페

CHAPTER 4 색다른 맛과 경험을 즐기는 도쿄 찻집

CHAPTER 5 시간 여행을 선물하는 클래식 찻집

CHAPTER 6 책과 음악이 어우러진 레트로 카페

COLUMN 찻집 100배 즐기기

이 책을 읽는 법

고양이 성에
실례하겠습니다

Cat Cafe
테마리노오시로
てまりのおしろ

기치조지

테마리노오우치(26쪽)의 자매점인 '테마리노오시로'는 '고양이들이 만든 기묘한 성'이 테마인 고양이 카페. 고양이들이 내부 중앙에 있는 나무를 통해 1층과 2층을 자유롭게 오가거나 한 마리가 앉을 수 있는 크기의 선반이 벽 곳곳에 설치되어 있는 등 재미있는 장치가 가득하다. 생선 모양의 조명이나 샹들리에는 고양이가 만든 성만의 인테리어다.
테마리노오우치와 마찬가지로 이용 시간에 제한이 없기 때문에 느긋하게 시간을 보낼 수 있는 것도 매력적이다.

INFO.

27

정보

- 주소
- 전화번호
- 영업 시간(L.O.는 라스트오더)
- 휴무일
- 홈페이지나 SNS
- 예약 가능 여부
- 찾아가는 법

지역
가게가 위치한 지역을 나타냅니다.

- 가격에는 세금이 포함되어 있습니다.
- 이 책에 실린 정보는 2023년 4월을 기준으로 합니다.
  출간 후 예고 없이 변경되었을 가능성이 있습니다. 방문 전 꼭 확인해 주세요.

공상찻집 도라노코쿠란?

카페 전문 인플루언서. 그림책에서 본 음식이나 꿈의 디저트처럼 추억 속 맛에 의지해 상상으로 만들어낸 가상의 카페. 언젠가 우리만의 카페를 갖는 것이 꿈이다. SNS를 통해 근사한 카페를 소개하거나 카페 메뉴 레시피를 공유하고 있다.

망상 점장
네 사람의 망상으로 탄생한 도라노코쿠의 주인장

유피케
취미는 정리정돈.
사우나를 좋아함.
생일: 11월 2일
좋아하는 것: 아이스크림

쓰치
디저트를 정말
사랑하는 남자.
귀여운 디저트를 만듦.
생일: 6월 25일
좋아하는 것: 푸딩

Kon
휴게실에 있는 사람.
카페 투어가 취미.
생일: 3월 3일
좋아하는 것: 커피

7
요리 따라하기와
그림 그리기가 취미.
생일: 7월 20일
좋아하는 것: 크림소다

아기자기한 동화 속 카페

마치 동화 속 세계에 들어온 듯한 편안한 비일상을 약속한다.
아름다운 조명 빛과 취향이 느껴지는 물건들,
재치 넘치는 소품은 계속 봐도 질리는 법이 없다.
동심으로 돌아가 그들의 세계관을 온몸으로 느껴 보자.

이상한 나라의
동화 속 세계?

6펜스

六ペンス

니시오기쿠보

홍차는 주인장이 추천하는
티마켓 지클레프(Gclef)의
찻잎을 사용한다.
사랑스러운 티포트도
볼거리(티포트가 함께
제공되며 가격은
780~850엔).

A 벽이 녹색인 방은 혼자 온 손님을 위한 공간. 방 안의 조명들은 주인장이 취미로 수집한 것.
B 벽이 붉은색인 방은 수다를 즐기러 여럿이 온 손님을 위한 공간.

니시오기쿠보역에서 15분 정도 걸어서 도착한 맨션 2층. 문을 열면 갑자기 동화 속에 들어온 듯한 이색적인 풍경이 펼쳐지는 카페 6펜스.

영국 동화를 좋아하는 주인장이 꾸민 영국 느낌 물씬 나는 내부는 가구부터 소품까지 짙은 취향이 묻어나는 것들뿐이다. 나중에 알아채고 놀랐지만 방마다 벽의 색이 다르다. 함께 온 사람과 대화를 나누거나 혼자만의 세계에 몰두하는 등 각자가 원하는 방식으로 편안하게 시간을 보낼 수 있다. 자리에서 일어나 재치 넘치는 소품과 취향이 묻어나는 인테리어를 구경하는 것도 즐겁다.

주인장과 인연이 있는 작가의 작품이나 이웃집에서 만든 과자도 놓여 있어 다정한 연대에서 느껴지는 따스함이 넘친다.

C 크림소다(680엔)는 멜론맛, 파인애플맛, 딸기맛으로 세 가지. 조명 빛이 비친 소다수가 아름답다.

D 일인용 책상에 앉아 『모모』, 『나니아 연대기』처럼 어렸을 적 읽은 이야기를 집어드는 것도 하나의 재미.

E 맨션 앞에 놓여 있는 간판. 안도감과 동시에 설렘을 안겨준다.

INFO.

도쿄 무사시노시 기치조지 히가시초 2-45-14 세도르 201　　없음
13:00~19:30(L.O.18:30)(날마다 다르기 때문에 트위터 확인 필수)　　비정기휴무
http://6pencekichijoji.wixsite.com/homepage　　예약 가능(메일로 문의 6pence.yoyaku@gmail.com)
JR 니시오기쿠보역 북쪽 출구에서 도보 15분, JR · 게이오전철 이노카시라선 기치조지역 북쪽 출구에서 도보 20분

램프가 비추는
불가사의한 그리움

유리아 페무페루

ゆりあぺむぺる

기치조지

연분홍색 조명이 비치는 1층 창가.
이 자리는 인기가 많아서 오픈 전부터
줄을 서는 손님도 있다고 한다.

이름이 독특해서 주문처럼 소리 내 말하고 싶어지는 '유리아 페무페루'. 작가 미야자와 겐지의 시집 「봄과 아수라」에 등장하는 '유리아'와 '페무페루'의 이름을 따온 것이다. 2층 건물인 카페 안에는 아르 누보(Art nouveau) 양식의 회화나 조각으로 장식된 앤티크 소품들이 놓여 있어 복고적이고 동화 같은 분위기를 자아내며 편안함을 준다. 맞은편에 있는 라이브하우스 '만다라'의 주인장들이 "기치조지에 우리가 가고 싶은 공간을 직접 만들어 보자"며 의기투합해서 1976년에 문을 열었다.

리치맛이 나는 '하늘색 소녀', 캐러멜맛이 나는 '먼로 키스'처럼 개성 넘치는 이름을 가진 크림소다가 인기다. 가장 인기가 많은 메뉴는 감귤 계열 시럽을 사용한 푸른색의 '라피스 라즐리'다.

열한 가지 맛 중에 고를 수 있는 크림소다(800~850엔). 종류가 이렇게 많은데 멜론맛 크림소다가 없는 것이 불가사의하다.

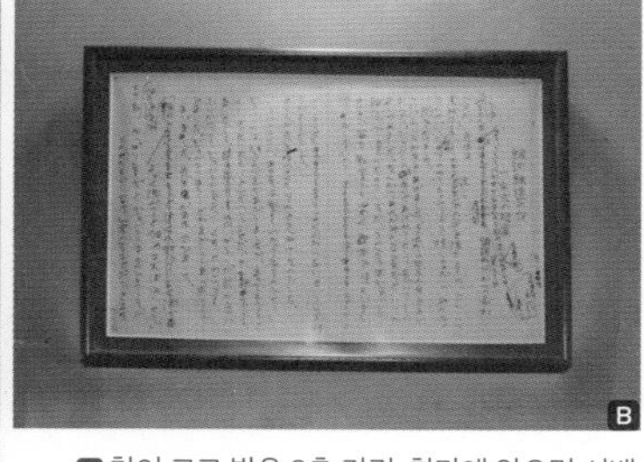

A 창이 크고 밝은 2층 자리. 창가에 앉으면 시베리아 철도의 식당차가 떠올라 마치 여행을 하는 듯하다.

B 미야자와 겐지의 『은하철도의 밤』 자필 원고 사본이 걸려 있다.

C 많은 사람이 오가는 거리. 문을 열고 들어가면 시간이 멈춘 듯 향수를 불러일으키는 공간이 펼쳐진다.

INFO.

도쿄 무사시노시 기치조지 미나미초 1-1-6 +81 422-48-6822
11:30~20:00(점심 영업은 16:30까지)(L.O. 음식 19:00, 음료 19:45) 비정기휴무
https://www.instagram.com/yuriapemuperu/ 예약 불가
JR · 게이오전철 이노카시라선 기치조지역 남쪽 출구에서 도보 2분

유리 세공 램프와 앤티크 가구가 네온 조명에 빛나는, 취향 가득한 내부.

재치 넘치는 공간과
빛을 즐기는

킷사 gion

喫茶gion

아사가야

창가 자리에 앉으면 창밖의 작은 세계에 위안을 받는다.
어느 자리에 앉아도 그만의 즐거움이 있다.

아사가야역 코앞에 있는 '킷사 gion'은 평일에도 손님이 끊이지 않는다. 푸른 네온 조명이 밝히는 공간에 개성 넘치는 스탠드 조명이 존재감을 뽐내 마치 다른 세계에 온 듯한 분위기가 느껴지는데 신기하게도 서로 조화를 이뤄 편안하다.

인테리어는 주인장이 하나부터 열까지 설계해서 좌석에 단차를 주거나 벽을 파란색이나 핑크색으로 칠하는 등 가슴을 뛰게 하는 취향이 가득하다. 매장의 소품들은 손님을 위해 주인장이 수집한 것. 그 센스 덕분에 가슴이 설렌다.

가격이 저렴하게 느껴질 만큼 조리법과 재료에 신경을 많이 쓴 메뉴들은 무엇을 택하든 후회가 없다. 나폴리탄, 아이스크림을 가득 올린 크림소다를 볼이 미어터지게 입 한가득 넣으면 누구나 꿈을 꾸는 듯한 기분에 사로잡힐 것이다.

A 보기만 해도 행복해지는 크림소다(670엔). 아이스크림은 맛이 진하고 깊으며 포만감도 높다.

B 수차례 수정을 거듭해 타협 없는 메뉴만을 엄선한다. 그중에서도 나폴리탄(900엔)은 케첩을 사용하지 않고 정성 들여 끓인 소스가 일품.

C 가게 이곳저곳에 놓여 있는 작은 집은 지브리 스튜디오의 「마루 밑 아리에티」를 생각하며 설치했다고 한다.

INFO.

도쿄 스기나미구 아사가야키타 1-3-3 가와소메 빌딩 1층 +81 3-3338-4381
[일~목] 9:00~24:00(L.O.23:30), [금, 토] 9:00~25:00(L.O.24:30) 연중무휴 없음 예약 불가
JR 아사가야역 북쪽 출구에서 도보 1분, 도쿄 메트로 마루노우치선 미나미아사가야역 2b 출구에서 도보 8분

주인장이 가게 문을 처음 열었을 때부터 차곡차곡 모은 램프들이 아름답다.

안길이가 긴 어두컴컴한 지하 공간.
마치 동굴을 모험하는 듯하다.

동굴을 탐험하는 듯한 낭만

COFFEE HALL 쿠구츠소

くぐつ草

기치조지

번화한 기치조지 아케이드 거리 안에 시간을 잊을 만큼 독특한 세계로 안내하는 가게가 있다. COFFEE HALL 쿠구츠소는 누구나 다 아는 기치조지의 유명 카페다. 창립 380년이 넘은 에도 꼭두각시 인형극단 요키자(結城座)의 멤버가 1979년 봄에 이곳에 문을 연 지 40년 이상이 흘렀다.

지하로 통하는 입구의 계단을 내려가서 중후한 느낌을 풍기는 철문을 열면 동굴 같은 공간이 펼쳐진다. 조용하게 빛나는 조명과 그 빛을 받은 흙벽의 질감을 느끼다 보면 무의식중에 이곳이 현대임을 잊어버릴 것만 같다. 오랫동안 많은 사람에게 사랑받아 온 쿠구츠소는 떠들썩한 곳에서 벗어나 휴식을 즐기고 싶은 사람에게 안성맞춤이다.

식물을 위한 창가의 밝은 공간. 마치 지상에서 빛이 떨어지는 듯하다.

A 인기 메뉴인 '쿠구츠소 카레'. 양파를 오래 볶아 만들어 단맛과 향신료가 잘 배어 있다.

B 2년 이상 숙성시킨 원두를 플란넬을 사용해 내린 산미가 적은 커피. 스트롱과 소프트가 있다.

C 가게 명함에는 풀이 자라난 꼭두각시 인형이 그려져 있다. 물론, '에도 꼭두각시 인형극단 요키자'와 연관이 있다.

INFO.

도쿄 무사시노시 기치조지 혼초 1-7-7 시마다 빌딩 지하 1층 +81 422-21-8473
10:00~22:00(음식 L.O.21:30) 연중무휴 https://www.kugutsusou.info/ 예약 불가
JR · 게이오 이노카시라선 기치조지역 북쪽 출구에서 도보 3분

주인장의 손을 거친 인테리어 디자인. 전국을 뒤져 가게 이미지와 어울리는 문과 조명을 구매했다고 한다.

요정의 집에서
아름다운 작품을

LUPOPO

산겐자야

가죽 커터로 만든 카페 메뉴판. 가게 외관을 모티프로 작가가 직접 만든 가죽 장정.

산겐자야를 걷다 보면 갑자기 나타나는 요정의 집 같은 사랑스러운 카페. 창으로 쏟아지는 빛이 눈부시게 빛나고 따뜻한 공기가 감돌아 무심코 싱글벙글 웃게 된다. 보사노바와 새의 지저귐 소리가 흘러나와 마치 숲속에 있는 듯한 기분이 든다.

이곳 LUPOPO에서는 커피와 멋진 핸드메이드 작품을 즐길 수 있다. 아름다운 비즈 귀걸이, 귀여운 양모 펠트 작품, 천으로 만든 코사지 등 하나같이 근사해서 찬찬히 눈에 담게 된다.

핸드메이드 작품을 만나는 기쁨, 발표하는 기쁨, 작품을 통해 느끼는 기쁨을 함께 나누려는 주인장 덕분에 이 카페는 작가와 팬을 연결하는 교류의 장이기도 하다. 작품 혹은 사람과의 우연한 만남을 축하하며 맛있는 케이크와 차를 마셔 보자.

A 당질 제한 식단 관리를 했던 주인장 하나이 씨가 가능하면 손님들도 몸에 좋은 것을 먹었으면 하는 마음으로 당질을 95퍼센트 줄여 만든 케이크. 음료 세트 메뉴는 1580엔부터.

B 핸드메이드 작품이 책장에 진열돼 있다. 구매도 가능하니 마음에 드는 것을 골라 보자.

C 영국, 헝가리, 프랑스, 러시아, 일본 5개국의 고급 양식기. 저마다 '신사의 컵', '귀족의 컵' 같은 이름이 붙어 있어 취향에 맞게 고를 수 있다.

모서리가 둥근 독특한 형태의 창과 스테인드글라스로 들어오는 따스한 빛에 졸음이 밀려온다.

INFO.

도쿄 세타가야구 산겐자야 1-35-20 히라하라 빌딩 1층 / +81 3-6228-1097 / 12:00~18:30 / 매주 화요일, 수요일
https://lupopocafe.net/ / 예약 가능(전화로 문의) / 도큐 덴엔토시선 산겐자야역 남쪽 출구 A출구에서 도보 3분

설탕 과자를 즐기는
조용한 세계

샤라라샤
킷사 요하쿠

喫茶 余白

사사즈카

'호박당 소다수 청매실 소다'(650엔). 금붕어 모양의 호박당이 소다 속을 헤엄치는 듯하다.

번화가를 벗어나 조용하고 아늑한 한때를 맛보고 싶은 사람에게. 거리에 녹아들듯 주택가에 우두커니 서 있는 '킷사 요하쿠'는 호박당 전문점 샤라라샤와 같은 건물에 있는 카페다. 식물과 미니어처 소품들로 이루어진 실내로 발걸음을 옮기면 왠지 모르게 불가사의한 세계를 헤매이는 듯한 기분에 사로잡힌다.

평온한 음악에 섞여 시곗바늘 소리가 들리는 내부에서는 생각거리나 쓸거리 등 사색, 창작 작업과 마주할 수 있다. 그 시간은 그야말로 인생의 여백(요하쿠) 그 자체. 저마다의 공간을 필요로 하면서도 폐쇄감이 느껴지지 않는 내부에서는 서로 얼굴도 이름도 모르지만 공간을 함께 공유하고 있음을 느낄 수 있다. 이상하면서도 위로를 주는 이 거리감을 소중히 여기고 싶다.

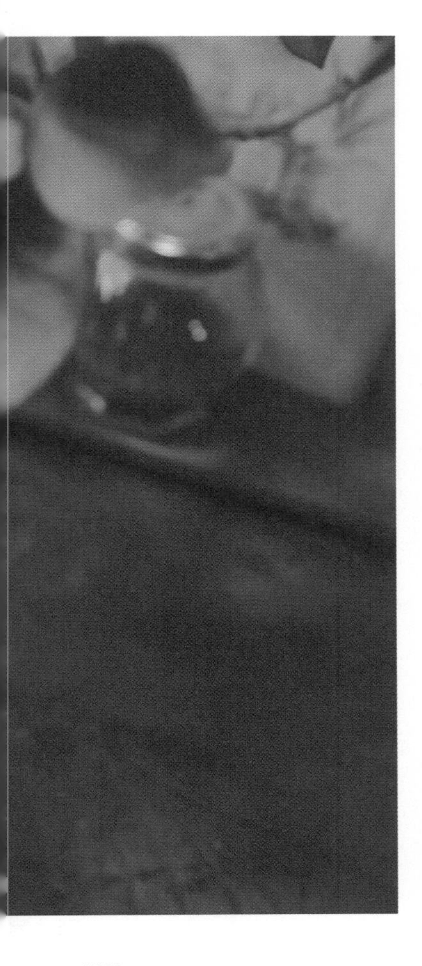

INFO.

도쿄 시부야구 사사즈카 1-42-7 101
+81 3-6407-1637
[평일] 14:00~21:00(L.O.20:00), [주말] 12:00~19:00 (L.O.18:30)
매주 월요일, 화요일 https://shalalasha.com/
예약 가능(전화로 문의)
게이오선 사사즈카역 북쪽 출구 또는 남쪽 출구에서 도보 8분

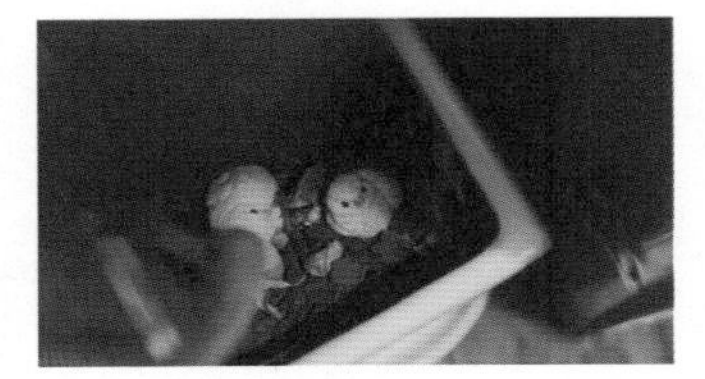

화분 위에서 휴식을 취하는 작은 새들. 카페 내부는 재치 넘치는 소품들로 가득하다.

A 식물과 나무의 따스함이 느껴지는 내부에는 작가들의 수많은 작품이 전시되어 있다.

B 시선이 부딪히지 않도록 계산된 좌석은 다정하게 감싸안듯 배치되어 있어 마음이 편안해진다.

C 바로 옆에 있는 샤라라샤에서는 아름다운 오리지널 호박당을 구매할 수 있다.

D 내열 유리병에 광물이나 앤티크 등을 넣은 '도케이소'의 디오라마(diorama) 작품. 블랙 라이트를 갖다 대면 빛나는 형석(螢石)이 신비롭다. 몇몇 작품은 구매도 가능하다.

스테인드글라스의
빛이 밤을 비추는

카페 카사

カフェ香咲

가이엔마에

가이엔마에의 세련된 거리에 있는 카페 카사는 1984년에 문을 연 이후 남녀노소를 불문하고 폭넓은 손님이 찾는 역사 깊은 찻집이다. 가게에 장식된 아름다운 스테인드글라스가 밤길을 몽환적으로 비춰 앞을 지날 때면 누구나 잠시 발길을 멈추게 된다.

카페의 이름은 스페인어로 집을 의미하는 'CASA'와 사람들이 서로 다가붙을 수 있는 '우산(일본어로 카사)'을 의미한다. 또한 커피의 '향(香)'이 꽃처럼 '피어오른다(咲)'는 의미도 담겨 있다.

특히 인기가 많은 핫케이크는 특유의 아름다움 때문에 애호가들에게 널리 알려져 많은 사람을 매료시키는 훌륭한 메뉴. 갓 구워낸 반죽의 향기와 폭신한 식감은 한번 먹으면 잊을 수 없다. 카페 카사의 맛은 누구나 꼭 한번 느껴 보았으면 한다.

카사의 마스코트 마메짱. 미니어처 슈나이저 암컷.

팔레트처럼 알록달록한 스테인드글라스가 매력적인 외관.

통나무로 만들어진 카운터 테이블, 부드러운 색감의 벽, 그리고 그림책에 나올 법한 따뜻한 내부.

A 원래는 직원들의 식사 메뉴였지만 그 맛을 궁금해하는 단골손님들의 요청으로 판매하게 된 명물 핫케이크(830엔).

B 아이스 카페오레(750엔)는 부드러운 맛이다.

C 벽에는 주인이자 화가인 조나단 씨가 그린 그림이 걸려 있다. 메뉴판의 귀여운 일러스트도 직접 그린다.

INFO.

도쿄 시부야구 진구마에 3-41-1 +81 3-3478-4281 11:30~18:00(L.O.17:30)
월요일(공휴일인 경우 다음 날인 화요일 휴무) https://www.cafecasaaoyama.com/ 예약 불가
도쿄 메트로 긴자선 가이엔마에역 2a 출구에서 도보 5분

나무로 만들어진 의자와 테이블, 천장에 매달린 식물들. 마치 숲속에 있는 듯하다.

문을 열면
그곳은 그림책의 세계

TEA HOUSE 핫빠

はっぱ

기치조지

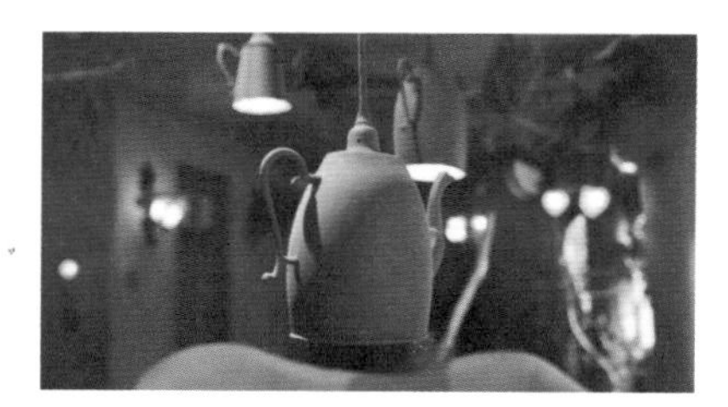

나선 계단 위에 매달려 있는, 티포트 모양의 조명.

'기치조지 쁘띠 무라'는 작은 강이 흐르는 숲속에 동화 같은 성이 서 있는 너무나 사랑스러운 테마파크다. 그 안에 있는 카페 TEA HOUSE 핫빠(일본어로 잎사귀를 의미한다 – 옮긴이)는 식물로 둘러싸인 내부에서 평소보다 조금 더 특별한 시간을 보낼 수 있는 멋진 티하우스다. 내부는 기생(착생) 식물과 드라이 플라워로 꾸며져 있어서 숲에서 피크닉을 하듯 느긋하게 시간을 보낼 수 있다. 주인장이 고른 홍차나 플레이버 티는 18종류나 준비되어 있어 계절이나 기분에 어울리는 찻잎을 골라 매번 다른 즐거움을 맛볼 수 있다.

또한 아이들을 위한 키즈 메뉴는 물론이고 바닥에 앉을 수 있는 자리나 아기 의자, 심지어 그림책이나 컬러링북까지 갖추고 있어 아이들과도 안심하고 이용할 수 있다. 한 번 방문하면 분명 다시 찾게 되는 위로의 공간이다.

잎사귀 모양의 간판과 나무 문은 마치 동화 속 세계로 들어가는 입구 같다.

A 푹신하게 녹아내리는 식감에 속까지 맛이 잘 배어 있는 프렌치 토스트(770엔). 고양이 모양으로 비주얼마저 훌륭하다.

B 과실 허브티(869엔)는 큼직한 딸기와 블루베리, 네 가지 건과일 등 계절에 따라 과일이 달라지는 사치스러운 허브티. 차를 다 마시고 나면 과육도 즐길 수 있다.

INFO.

도쿄 무사시노 기치조지 혼초 2-33-2 기치조지 쁘띠 무라 · +81 422-29-2880 · 11:30~19:00(L.O.18:30)
비정기휴무 · https://teahouse-happa.com/ · 예약 가능(전화 또는 메일로 문의)
JR · 게이오 이노카시라선 기치조지역 북쪽 출구에서 도보 10분

느긋한 고양이들의 마중

Cat Cafe 테마리노오우치

てまりのおうち

기치조지

독특한 고양이 숲 '테마리노오우치'는 기치조지를 대표하는 고양이 카페 중 하나다. 넓직한 공간, 환상적인 세계관을 보여주는 인테리어가 특징적이다. 특히 방 중심에 있는 커다란 트리 하우스를 보면 두근거림이 멈추지 않을 것이다.

수많은 고양이가 자유롭게 거니는 이곳은 한번 입장하면 추가 요금 없이 무제한으로 즐길 수 있다. 그림책에 나올 법한 공간에서 느긋하게 책을 읽거나 잠든 고양이 옆에서 함께 낮잠을 자는 등 고양이를 좋아하는 사람이라면 사랑할 수밖에 없는 가게다.

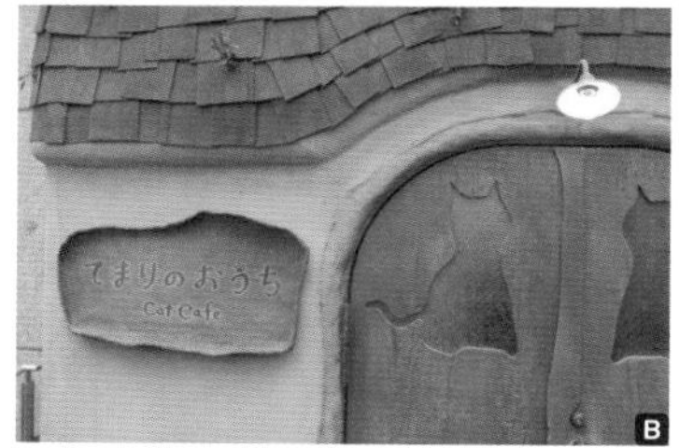

A 테마리노오우치에서 가장 잘생긴 고양이 피가르. 영화 「피노키오」에 등장하는 고양이의 이름을 따왔다고 한다.

B 건물 3층으로 올라가면 마치 동화에 나올 법한 입구가 갑자기 등장한다. 문을 열면 나타날 세계에 대한 호기심을 자극한다.

동화 같은 세계관. 카페 공간 중앙에는 트리 하우스가 2개 있다.

INFO.

도쿄 무사시노시 기치조지 혼초 2-13-14 무사시포럼 III 3층 +81 422-23-5503
[평일] 12:00~20:00, [주말 및 공휴일] 11:00~20:00(L.O.는 모두 19:30) 비정기휴무 http://www.temarinoouchi.com/
예약 가능(공식 홈페이지 또는 전화로 문의) JR · 게이오 이노카시라선 기치조지역 북쪽 출구에서 도보 5분

A 카페 안에는 스무 마리 이상의 고양이가 자유롭게 시간을 보내고 있어서 성 안을 산책하다 보면 곳곳에서 고양이를 만날 수 있다.

B 비주얼과 맛 모두 훌륭한 메뉴가 가득하다. 푹신푹신 카페라테(572엔)는 부드러운 우유 거품에 작은 고양이 발바닥이 그려져 있다. 몸과 마음의 긴장을 풀어주는 맛이다.

C 입구 옆에는 마스코트 고양이 '테마리'를 모델로 한 분수가 있다. 고양이 입에서 나온 물은 기치조지 쁘띠 무라의 작은 강으로 흘러간다.

고양이 전용 화장실. 작은 입구로 드나드는 모습을 보면 무심코 미소가 지어진다.

고양이 성에
실례하겠습니다

Cat Cafe

테마리노오시로

てまりのおしろ

기치조지

테마리노오우치(26쪽)의 자매점인 '테마리노오시로'는 '고양이들이 만든 기묘한 성'이 테마인 고양이 카페. 고양이들이 내부 중앙에 있는 나무를 통해 1층과 2층을 자유롭게 오가거나 한 마리가 앉을 수 있는 크기의 선반이 벽 곳곳에 설치되어 있는 등 재미있는 장치가 가득하다. 생선 모양의 조명이나 샹들리에는 고양이가 만든 성만의 인테리어다.

테마리노오우치와 마찬가지로 이용 시간에 제한이 없기 때문에 느긋하게 시간을 보낼 수 있는 것도 매력적이다.

INFO.

- 도쿄 무사시노시 기치조지 혼초 2-33-2 기치조지 쁘띠 무라
- +81 422-27-5962
- [평일] 11:00~20:00,
[주말 및 공휴일] 10:00~20:00(L.O.는 모두 19:30)
- 비정기휴무
- https://temarinooshiro.com/
- 예약 가능(공식 홈페이지 또는 전화로 문의)
- JR · 게이오 이노카시라선 기치조지역 북쪽 출구에서 도보 8분

세련된 거리에 우두커니 있는 트리 하우스는 흡사 도시의 오아시스 같다. 마치 비밀기지 같아서 가슴이 두근거린다.

두근두근 트리 하우스

레 그랑 자르부르

レ・グラン・ザルブル

히로오

히로오역에서 조금 걸어 모퉁이를 돌면 갑자기 등장하는 큰 나무와 트리 하우스. 50년도 더 된 후박나무 곁에 있는 '레 그랑 자르부르(Les Grands Arbres)'는 프랑스어로 '큰 나무'를 의미한다. 마치 판타지 세계에 들어온 듯한 분위기의 보타니컬 카페다.

1층에 있는 꽃집을 지나 목제 계단을 올라가면 수많은 식물에 둘러싸인 편안한 공간이 펼쳐진다. 프랑스 시골 같은 고풍스러운 느낌의 인테리어가 왠지 모르게 향수를 불러일으켜 마음이 따스해진다. 휴일에 들른 사람, 퇴근길에 들른 사람들이 모이는 이 카페에는 근처에 사는 단골손님들도 얼굴을 비춘다. 다양한 사람들이 모이는 이곳에서 시간을 보내면 어느샌가 이야기꽃이 필 것만 같다.

내부는 우드 인테리어로 내추럴한 분위기.

A 카페는 3층과 옥상에 있고 1층과 2층은 'Fleur Universelle'라는 꽃집이다. 초원에서 그대로 가져온 듯한 자연스러움이 돋보인다.

B 인기가 많은 '오마카세 헬시 델리 플레이트'(1500엔)는 제철 채소가 가득해서 몸과 마음의 생기를 되찾을 수 있다.

C 자연에 둘러싸여 맛보는 신선한 허브티는 더없는 행복. '야생딸기 루이보스티'나 '허니부시 믹스 허브' 등 독특한 메뉴를 제공한다.

INFO.

도쿄 미나토구 미나미아자부 5-15-11 3층·옥상 +81 3-5791-1212 11:00~19:00(L.O.18:00) 무휴(꽃집은 목요일)
https://fleur-universelle.com/ 예약 가능(전화로 문의) 도쿄 메트로 히비야선 히로오역 1번 출구에서 도보 1분

오래된 시계 소리에
아름답게 둘러싸인

모노즈키

物豆奇

니시오기쿠보

재즈 음악에 섞여 들리는
시곗바늘 소리가
마음을 편안하게 해 준다.

번화가를 걷다 보면 오래된 교회 같은 분위기를 풍기는 가게가 나온다. 이곳 '모노즈키'는 니시오기쿠보에 자리를 잡은 지 40년 이상 된 역사 깊은 찻집이다. 나무의 온기를 느낄 수 있는 내부는 구니타치 시에서 반세기에 걸쳐 사랑받은 '자슈몬'의 당시의 모습을 참고해서 만들었다고 한다.

여기저기에 걸려 있는 오래된 시계들이 눈길을 끈다. 지금도 시곗바늘이 움직이는 것도 있는가 하면 멈춰 버린 것도 있어서 왠지 모르게 기묘한 시간의 흐름이 느껴진다. 희미하게 빛나는 램프나 스테인드글라스 창은 레트로한 분위기를 자아내 현재와 동떨어진 듯한 기분이 든다. 커피는 주문과 동시에 원두를 갈아 한 잔 한 잔 정성스럽게 내려준다. 행복을 가져다주는 커피 한 잔과 낙낙한 분위기를 맛볼 수 있는, 시간을 잊게 해 주는 가게다.

A 인기 메뉴 중 하나인 '커피 플로트'(550엔). 치즈 토스트 샌드(330엔)도 꼭 먹어 봐야 하는 메뉴다.

B 향수를 불러일으키는 시계가 10개 이상 걸려 있다. 형태나 소리를 비교하는 재미가 있다.

C 니시오기쿠보의 메인 거리를 따라가다 보면 갑자기 등장하는 예스러운 분위기의 외관이 눈길을 끈다.

INFO.

도쿄 스기나미구 니시오기키타 3-12-10　+81 3-3395-9569　11:30~20:00(L.O.19:00)　비정기휴무
없음　예약 불가　JR 니시오기쿠보역 북쪽 출구에서 도보 7분

찻집 100배 즐기기

크림소다 편

클래식하고 차분한 분위기의 '시세이도 팔러 긴자 본점 살롱 드 카페'.

비주얼도 아름다운 '아이스크림 소다(레몬)'(1200엔).

찻집(킷사텐)에 가면 반드시 크림소다를 마신다는 사람이 많은데 일본 크림소다의 기원에는 다양한 설이 있습니다. 그중에서도 가장 역사가 깊은 설은 시세이도 약국에서 유래합니다.

시세이도는 화장품이나 경양식당으로 친숙한데 원래는 1872년 일본 첫 민간 서양식 약국으로 긴자에 문을 열었습니다. 창업자인 후쿠하라 아리노부가 미국 드럭스토어 등에 있는 소다수나 간단한 식사 메뉴를 판매하는 '소다파운틴'에서 아이디어를 얻어 일본 시세이도 약국 한편에 일본 최초의 소다파운틴이 탄생했습니다. 그리고 당시만 해도 귀했던 아이스크림도 제조 및 판매했고, 그 둘을 합친 '아이스크림 소다'가 많은 사람의 사랑을 받게 되었습니다.

시세이도 팔러가 처음 문을 연 자리에 있는 '긴자 본점 살롱 드 카페'에는 레몬, 오렌지, 그리고 이달의 맛, 이렇게 총 세 가지 아이스크림 소다가 있습니다. 특별한 날에 아이스크림 소다를 맛보는 건 어떨까요?

유럽을 여행하는 듯한 앤티크 카페

한 발 내디디면 마치 유럽 어느 나라로 여행을 온 듯하다.
아름다운 서양식 건물과 호화로운 샹들리에,
고급스러운 앤티크 잔을 바라보면
가슴 속에서 두근거림이 몽게몽게 피어오를 것이다.

위쪽에는 커다란 아치 모양의 스테인드글라스가 있다. 따스한 빛이 내부를 감싸 안는 우아한 공간을 만들어냈다.

붉은 벽돌과 스테인드글라스 덕분에
유럽 분위기 물씬 풍기는

바샤미치주반칸

馬車道十番館

요코하마

5층짜리 벽돌 건물. 1층은 카페와 양과자 판매점, 2층은 영국 느낌의 술집, 3층은 프랑스 레스토랑, 4층과 5층은 연회장이다.

바샤미치주반칸은 요코하마 개항 당시 외국 상점을 재현한 복고적이면서 현대적인 서양식 건물이다. 천장 없이 1층과 2층이 연결된 상부에는 커다란 스테인드글라스, 수많은 앤티크 가구가 놓여 있어 그야말로 이국적인 분위기가 물씬 풍기는 요코하마다운 모습이다. 이 공간에서 커피나 케이크를 즐기면 아직도 남아 있는 화려한 문명 개화기의 분위기에 젖어들 수 있지 않을까.

같은 건물 내에 있는 레스토랑이나 바를 방문하면 이곳을 더욱 풍성하게 즐길 수 있을 것이다. 카페에서 함께 운영 중인 상점에서 판매하는 바샤미치의 명물 '비스카우트(비스켓의 포르투갈어)'를 소중한 사람에게 선물해 보면 어떨까?

A 전설의 바텐더 가네야마 지로가 2001년까지 일한 2층짜리 영국 분위기의 술집. 이곳의 요리는 카페나 레스토랑에서도 주문할 수 있다.

B 창업 당시부터 인기가 많은 '쇼트 케이크'(825엔, 카페에서만 주문 가능). 둥근 모양으로 구운 푹신푹신한 스펀지 케이크 사이에도 저민 딸기와 홋카이도산 생크림이 듬뿍 들어 있다.

INFO.

가나가와현 요코하마시 나카구 도키와초 5-67
+81 45-651-2621
10:00~22:00(L.O.21:30)　연중무휴
http://www.yokohama-jyubankan.co.jp/
잇큐닷컴을 통해 예약 가능(https://restaurant.ikyu.com/)
요코하마 시영 지하철 블루 라인 간나이역 9번 출구에서 도보 1분, 도큐 미나토미라이선 바샤미치역 5번 출구에서 도보 3분, JR 간나이역 북쪽 출구에서 도보 6분, JR 사쿠라기초역 남쪽 개찰구 동쪽 출구에서 도보 8분

숲속에 있는
서양식 카페

카페 에리스만

エリスマン

요코하마

A 실크 무역 상사 시버 헤그너(Siber Hegner)의 요코하마 지배인 격으로 활약한 프리츠 에리스만의 저택이었다.

B 반원 테이블은 창에 면해 있어 모토마치 공원의 경치를 바라볼 수 있다.

개항 이후 외국인 거주지가 형성된 요코하마 거리의 모습을 간직해 온 야마테 지구. '카페 에리스만'은 모토마치 공원 내 일곱 채의 서양관 중 하나인 에리스만 저택 안에 있다. '근대 건축의 아버지'라고 불린 건축가 안토닌 레이몬드가 설계한 이 새하얀 건물에서 세월의 깊이가 느껴진다.

모토마치·주카가이역에서 도보로 8분 거리의 쉽게 눈에 띄지 않는 입지 또한 매력적이다. 음료와 디저트뿐만 아니라 가벼운 식사 메뉴도 있어서 공원을 산책하다가 잠시 쉴 겸 방문하는 것도 추천한다.

벨기에 고급 아이스크림 글라시오(Glacio)를 사용한 아포가토(650엔).

INFO.

가나가와현 요코하마시 나카구 모토마치 1-77-4 / +81 80-7067-7056 / 10:00~16:00(L.O.15:30)
매월 두 번째 수요일(휴일인 경우에는 다음 날인 목요일), 연말연시(12.29~1.3)
https://www.hama-midorinokyokai.or.jp/yamate-seiyoukan/ehrismann/cafe.php / 예약 불가
도큐 미나토미라이선 모토마치·주카가이역 6번 출구에서 도보 8분

유명한 영국 건축가 조시아 콘도르의 작품. 장미 정원은 봄가을 꽃 필 무렵을 맞이하면 최고의 아름다움을 자랑한다.

A 구 후루카와 저택 티룸은 콘도르가 설계한 서양식 석조 건물. 천장의 아기자기한 장식이 돋보인다.

B 커피, 홍차, 루이보스티 중 고를 수 있는 케이크 세트(1300엔).

INFO.

도쿄 기타구 니시가하라 1-27-39 +81 3-3910-8440
12:00~16:30(L.O.16:00) 비정기휴무
http://www.otanimuseum.or.jp/kyufurukawatei/information.html 예약 불가
JR 고마고메역에서 도보 12분, JR 가미나카자토역에서 도보 7분, 도쿄 메트로 난보쿠선 니시가하라혼고도오리 출구에서 도보 7분

차를 곁들여 정원을 감상하는

구 후루카와 저택 오타니 미술관 Cafe Room

고마고메

구 후루카와 저택은 국가가 지정한 명소 '구 후루카와 정원' 내에 있는 귀중한 문화재다. 1층의 대식당은 카페로 이용할 수 있기 때문에 정원이나 건물 내부를 거닐다 지쳤다면 꼭 들러 보는 것을 추천한다. 카페의 창을 통해 정원을 바라볼 수 있는 것도 매력 중 하나인데, 계절마다 다양한 종류의 장미를 즐길 수 있다. 특히 날씨가 좋은 날에는 테라스 자리를 추천한다. 서양식 건물이 빚어내는 고상하고 우아한 공간은 무심코 등줄기를 펴게 만든다. 비일상을 맛보고 싶은 이들에게 이보다 더 완벽한 곳은 없을 것이다.

지금은 보기 힘든 회전문. 입구부터 즐거움을 준다.

87년 동안
사랑받아 온 카페

토리코로루 본점

トリコロール

긴자

1936년에 긴자에 문을 열어 문화인의 교류의 장으로 사랑받아 온 찻집 '토리코로루'. 덩굴식물이 무성한 벽돌 건물은 유럽 거리에 있는 카페를 연상시킨다. 1950년대의 질 좋은 커피 맛을 재현하기 위해 원두는 중남미의 해발이 높은 산에서 나는 것을 엄선하고, 주문과 동시에 넬 드립으로 한 잔 한 잔 내려주는 고집스러움이 있다. 커피와 잘 어울리는 디저트도 충실하다. 고상한 어른들을 위한 거리에서 이런 사치스러운 시간을 보내는 것도 '긴자 산책'을 즐기는 하나의 방식이 아닐까.

A 에끌레르(650엔)는 주문과 동시에 크림을 채워 주기 때문에 바삭바삭해서 인기가 많다. 진한 앤티크 블렌드 커피(1070엔)와도 잘 어울린다.

B 남색 카펫과 붉은 벽돌, 고풍스러운 우드 인테리어가 가게의 역사를 짐작하게 한다.

INFO.

도쿄 주오구 긴자 5-9-17 / +81 3-3571-1811 / 8:00~18:00(L.O.17:30)
휴무일은 인스타그램 참조(https://www.instagram.com/tricolore_honten) / http://www.tricolore.co.jp/ginza_trico/
예약 불가 / 도쿄 메트로 긴자역 A3 출구, 히가시긴자역 A1 출구에서 도보 3분

A 유럽 호텔 라운지 같은 이국적인 분위기를 풍기는 근사한 인테리어. 공간도 넓직해서 느긋하게 시간을 보낼 수 있다.

B '찻집의 해물 파스타'(700엔). 좀처럼 만나기 힘든 메뉴. 진한 크림 소스에 해산물의 감칠맛이 잘 배어 있다. 왠지 모르게 옛 추억이 떠오르는 맛.

호화로운 공간에서
귀족이 된 듯한 기분이 드는

커피 전문점
학샤쿠
伯爵

이케부쿠로

커피 전문점 '학샤쿠(백작)'는 메이지도오리를 따라 위치하는 세이부 백화점과 같은 라인이라는 최고의 입지에 1982년 문을 연 역사 깊은 찻집. 문을 열자마자 눈에 들어오는 새빨간 벨루어 소재의 의자와 샹들리에가 돋보이는 근사한 인테리어에 무심코 감탄이 터져 나온다. 점심 식사를 하러 오는 직장인이 많아서 비프 카레나 피자 토스트, 그라탱, 파스타 같은 식사 메뉴가 충실하다. 이케부쿠로역 동쪽 출구와 북쪽 출구, 그리고 스가모역에도 매장이 있는데 모두 방문해서 여러 번 맛보고 싶다.

'옛 모습 그대로 쇼와 푸딩'(580엔). 단단하지만 입안에서 매끄럽게 녹아내리는 것이 특징. 하루 전에 낳은 신선한 달걀만을 사용한다.

INFO.

도쿄 도시마구 미나미이케부쿠로 1-18-23 루크하이츠 이케부쿠로 B동 2층 +81 3-3988-2877 8:00~23:00(L.O.22:30)
연중무휴 https://twitter.com/hakusyakucoffee 예약 가능(공식 홈페이지로 문의 https://hakusyaku-sugamo.owst.jp/)
JR·도쿄 메트로·도부 철도·세이부 철도 이케부쿠로역 동쪽 출구에서 도보 3분

문을 열면 가장 먼저 눈에 들어오는 사슴 박제와 감옥 같은 독실. 자세히 보면 벽에 그림 형제의 동화 「생명수」가 충실하게 그려져 있다.

중세 기사의 집에
어서 오세요

파페르부르그

パペルブルグ

하치오지

건물 외벽은 식물로 뒤덮여 있고 카페 입구에는 마녀 그림이 그려져 있다.

산중에 갑자기 등장하는 서양식 건물. '파페르부르그'는 무려 중세 남독일 기사의 집을 모티프로 지어진 커피 전문점이다. 갑옷과 투구, 스테인드글라스, 벽화로 둘러싸인 인테리어가 압도적이다. 오래된 벽돌은 영국에서 공수했고 창문은 독일에서 주문했으며 바닥재는 배에 쓰였던 것을 사용하는 등 실제 모습을 재현하려는 고집 덕분에 유일무이한 세계관이 탄생했다.

이처럼 격조 높은 분위기를 자아내는 인테리어와 이곳에서 제공하는 것은 모두 일품이다. 특히 커피는 특별한 방식으로 원두를 직접 볶는데, 독일 로스터기로 원두 고유의 감칠맛과 단맛, 향을 뽑아내고 심까지 열을 가해서 잡내를 없애고 카페인도 줄여 몸에도 좋다. 시대와 국경을 초월한 듯한 이곳에서 잠시 시간을 잊고 즐겨 보면 어떨까?

창가에는 테이블이 두 개 있고 안쪽에는 6명 이상 들어갈 수 있는 방도 준비되어 있어 혼자 또는 여럿이 즐길 수 있다.

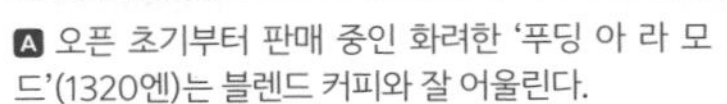

A 오픈 초기부터 판매 중인 화려한 '푸딩 아 라 모드'(1320엔)는 블렌드 커피와 잘 어울린다.

B 주말 및 공휴일에 한정 판매하는 계절 과일 파르페(종류에 따라 가격 상이). 겨울과 봄에는 딸기, 여름에는 망고, 가을에는 포도 등 계절에 따라 과일이 달라진다. 커피와의 궁합도 훌륭하다.

C 점심 메뉴는 샌드위치, 파스타, 피자 파이, 소고기 스튜로 총 네 가지. 샌드위치와 파르페의 종류는 매일 달라진다.

INFO.

도쿄 하치오지시 야리미즈 530-1 +81 42-677-5511 10:00~19:00(L.O.18:00)
비정기휴무 https://pappelburg.com/ 예약 가능(전화로 문의)
JR 하치오지역 남쪽 출구, JR · 게이오 사가미하라선 하시모토역 북쪽 출구에서 가나가와 중앙 교통 버스를 타고 '자연공원 앞'에서 하차

커피에 진심인 학교?

커피 대학원 루미에르 드 파리

ルミエール・ド・パリ

요코하마

중후한 분위기의
내부는 개성이 넘친다.

A 원두 20그램으로 내린 커피. 일반적인 원두량의 무려 2배를 넣어서 내리는 사치스러운 한 잔.
B 케이크는 크렘브륄레 외 일곱 가지가 있다(450엔).
C '대학원'이라고 쓰인 간판과 붉은 텐트로 만든 차양이 인상적인 외관.
D 새우튀김 같은 양식 메뉴도 충실해서 점심 식사를 하러 방문하는 손님도 많다.

요코하마 경기장 근처를 걷다 보면 공원 앞에 유달리 눈에 띄는 선명한 외관의 카페가 보인다. 바로 '커피 대학원 루미에르 드 파리'다.

처음 문을 연 것은 1974년. 최고급 커피를 제공한다는 의미에서 대학 최고학부인 '대학원'의 명칭을 따왔다고 한다. 그 이름처럼 커피는 엄선한 10종의 원두를 사용하고 한 잔 한 잔 정성스럽게 내려준다.

가게 안쪽에는 오키드(orchid) 특별실이라는 더 근사한 방이 있는데, 아주 화려한 장식은 한번 볼 만한 가치가 있다. 타일에는 카틀레야(난초과의 여러해살이 화초 - 옮긴이)가 그려져 있고, 천장에는 눈부시게 빛나는 샹들리에가 걸려 있다. 대리석 테이블에서 맛보는 한때의 휴식은 그야말로 더없이 행복한 시간이다.

INFO.

가나가와현 요코하마시 나카구 아이오이초 1-18　　+81 45-641-7750
[평일] 10:00~18:00, [토요일] 10:30~18:00(L.O.는 모두 17:00)　매주 일요일　없음　예약 가능(전화로 문의)
JR 간나이역 남쪽 출구에서 도보 5분

안쪽에는 테이블이 있다.
유럽 강 근처의 카페처럼 한가롭고 평온하다.

초코와 아이스크림의
마리아주

teal
chocolate & ice cream

니혼바시

희귀한 아마존 카카오로 만든 진한 초콜릿 푸딩. 위에 올라간 것은 산뜻한 우유 젤라또. '초콜릿 푸딩에 우유 아이스크림을 톡'(1210엔).

'teal chocolate & ice cream'은 2021년 11월에 문을 연 초콜릿&아이스크림 전문점. 아시아 베스트 쇼콜라티에를 수상한 마나고 쇼헤이와 유명 디저트 가게 'ease'의 파티셰 오야마 케이스케가 함께 수준 높은 기술력을 바탕으로 만든 제품들은 무엇 하나 빠짐없이 훌륭하다.

가게 이름인 'teal'은 청색과 녹색의 중간색인 청록색을 가리킨다. 에도 시대에 수운(水運)이 활발했던 이 지역을 기념해 물새인 오리의 날개 빛을 떠올리며 이름 붙였다. 그래서 카페 곳곳에서 귀여운 오리 마크와 장식을 발견할 수 있다. 벽과 천장 일부는 역사적 건축물의 옛 모습을 간직하고 있고, 유럽의 테라스 카페를 연상시키는 커다란 창과 선명한 청록색 계산대와 패키지가 인상적이다. 역사와 새로움이 조화를 이루는 특별한 공간이다.

A 비단처럼 부드러운 촉감의 젤라또(750엔). 재료의 맛과 향이 진하게 퍼지는 매끄러운 식감.

B 초콜릿과 구움과자는 캐주얼한 모양에 가벼운 맛. 포장이 귀여워서 선물하기 좋다.

C 카페가 위치한 닛쇼칸은 2024년 새로운 1만 엔 지폐의 얼굴이 될 시부사와 에이이치의 저택 터에 세워진 건축물이다.

INFO.

도쿄 주오구 니혼바시카부토초 1-10 닛쇼칸 1층 · +81 3-6661-7568 · 11:00~18:00(L.O.17:00) · 매주 수요일
https://www.instagram.com/teal_tokyo/ · 예약 불가
도쿄 메트로 가야바초 11번 출구에서 도보 5분, 도쿄 메트로 도에이 아사쿠사선 니혼바시역 D2 출구에서 도보 6분

유난히 눈길을 끄는 벽돌 건물. 모던한 파란 지붕의 서양식 건물.

작은 서양식 건물에서
느긋하게 보내는 시간

커피 하우스 루포

コーヒーハウス るぽ

기요세

내부 곳곳에 있는 선명한 스테인드글라스가 고풍스러운 분위기를 자아낸다.

주택가 안쪽에 갑자기 툭 등장하는 사랑스러운 서양식 벽돌 건물. '커피하우스 루포'는 드라마 촬영지로도 유명한 오래된 찻집이다. 가게 이름은 프랑스어로 휴식을 의미하는 '르포'를 따온 것이며 한숨 돌릴 수 있는 공간이 되었으면 하는 마음이 담겨 있다.

일본과 서양을 절충한 식사 메뉴부터 디저트까지 갖추고 있어 선택의 폭이 넓다. 농원을 직접 방문해 커피 원두를 구매하거나 시대의 변화에 발맞춰 맛에 변화를 주는 등 손님을 만족시킬 수 있는 것들을 적극적으로 찾아내는 주인장의 탐구심이 돋보인다.

1989년 문을 열어 손님들과 함께 3대째 걸어온 이 가게에는 아주 오래된 단골손님도 있다고 한다. 세대를 뛰어넘어 사랑받는 기요세의 유명 카페다.

A 아침 메뉴는 커피와 빵이 함께 나오는 스타일. 사진 속 메뉴는 아침 8~11시에 판매하는 세트 메뉴(680~730엔).

B 오픈 초기부터 판매 중인 인기 메뉴 '와플 케이크 초코 바나나'(630엔). 단 걸 좋아하는 사람은 참을 수 없을 것이다. 초코 바나나 외에도 키위, 살구 등 와플만 해도 종류가 무려 스무 가지.

C 내부에 있는 목제 전화 박스. 실제로 사용할 수 있다.

INFO.

도쿄 기요세시 나카키요토 5-201　+81 42-491-9020
[월~토] 8:00~20:00, [공휴일] 8:00~19:00
매주 일요일, 연말연시(12/30~1/3)　없음　예약 불가
세이부 이케부쿠로선 기요세역 북쪽 출구에서 세이부 버스를 타고 '나카키요토'에서 하차 후 도보 1분

높은 천장이 낙낙한 분위기를 만들어내는 실내.
좌석은 1층과 2층에 있다.

2대에 걸쳐
이 지역을 지키는

코히테이 루안

珈琲亭 ルアン

오모리

취향이 묻어나는 조명은 세계관을 위한 주요 아이템.

수많은 영화관이 있고 거리가 북적이던 1971년, 코히테이 루안이 문을 열었다.

어둡고 차분한 나무 테이블과 고풍스러운 장미 무늬의 카펫, 선대 주인장이 엄선한 앤티크 램프가 인상적이다. 오픈 당시의 모습이 남아 있는 인테리어 덕분에 무심코 향수에 잠긴다.

손님이 편안하게 머물다가길 바라는 다정한 마음은 후대에도 이어져 여전히 많은 사람이 아침부터 모닝 세트를 즐기거나 저녁에 커피를 마시러 이곳을 찾는다. 반세기가 지나 거리의 모습이 달라져도 이 가게만큼은 변함없이 당시의 모습을 간직하고 손님을 따듯하게 맞이한다.

계단을 오르면 전화 박스와 등을 기댈 수 있는 높은 U자 모양의 소파가 나온다. 프라이빗한 시간을 보낼 수 있어서 좋다.

A 손글씨 메뉴와 앤티크에 둘러싸인 인테리어.

B 아이스 카페오레(550엔)를 주문하면 눈앞에서 카페오레를 잔에 따르는 퍼포먼스를 볼 수 있다.

C 장미 모양의 크림에 따뜻한 밀크티를 따라주는 '베르사유의 장미'(650엔)는 귀여워서 인기가 많다.

D 모퉁이를 돌면 눈에 들어오는 커다란 간판으로 알아볼 수 있다.

INFO.

도쿄 오타구 오모리키타 1-36-2　　+81 3-3761-6077

[월~수, 금, 토] 7:00~19:00(L.O.18:30), [일요일과 공휴일] 7:30~18:00(L.O.17:30)　　매주 목요일, 비정기휴무

https://otakushoren.com/trip/9541　　예약 불가

JR 오모리역 동쪽 출구에서 도보 3분

프랑스에 온 듯한 기분
나를 위한 사치스러운 시간

Majorelle Cafe

산겐자야

세타가야구 시모우마의 조용한 주택가에 있는 장식이 멋진 문. 설레는 마음으로 들어가 보면 프랑스의 미술관 같은 방이 나온다. 'Majorelle Cafe(마조렐 카페)'는 이 앤티크 갤러리와 같은 건물 안에 있다.

갤러리에는 오래된 바카라 잔을 비롯해 19세기 후반부터 20세기 전반까지의 프랑스 앤티크를 중심으로 유럽 각국에서 온 가구나 조명 기구, 테이블웨어 등 인테리어 잡화가 모여 있어 보기만 해도 눈이 즐겁다.

A 앤티크 중에는 합리적인 가격으로 판매 중인 아울렛 상품도 있다. 보물을 찾는 기분으로 방문해 보자.

B 카페 공간이나 카페 내 상품은 촬영용으로 빌릴 수도 있다.

C 출입문은 프랑스 거리에 있을 법한 카페의 분위기를 자아낸다.

직접 만든 푸딩(650엔)은 단단하고 진하다.
오래된 바카라 잔에 제공되는 것도 좋다.

INFO.

도쿄 세타가야구 시모우마 2-6-14　+81 3-5787-6777　11:30~18:00(L.O.17:00)　매주 화요일, 수요일
https://www.majorelle-jp.com/　평일만 예약 가능(전화 또는 공식 홈페이지로 문의)
도큐 덴엔토시선 · 도큐 세타가야선 산겐자야역 남쪽 출구 A출구에서 도보 13분, 도큐토요코선 유텐지역 서쪽 출구 1에서 도보 14분

온실의 빛이 흘러나오는
티 타임

CAFE La Bohème PENTHOUSE

시로카네다이

시로카네다이의 플라티나 거리에 마치 유럽의 작은 성처럼 우뚝 서 있는 'CAFE La Bohème PENTHOUSE(카페 라 보엠 펜트하우스)'. 유리 천장에서 빛이 내리쬐는 개방적인 공간이다. 넓직한 소파 자리는 너무 편안해서 누구나 시간 가는 줄 모를 것이다. 이 카페가 자랑하는 애프터눈 티는 계절감에 맞춰 봄에는 딸기, 여름에는 레몬, 가을에는 밤이나 마, 겨울에는 크리스마스를 주제로 즐길 수 있다. 파티셰가 하나부터 열까지 정성스럽게 만든 디저트와 세계관을 느긋하게 맛보자.

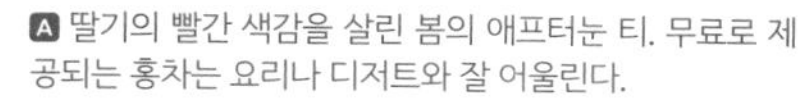

A 딸기의 빨간 색감을 살린 봄의 애프터눈 티. 무료로 제공되는 홍차는 요리나 디저트와 잘 어울린다.

B 마치 성 같은 유럽풍의 건물.

C 온실을 방불케하는 천장의 유리창과 샹들리에, 이국적인 인테리어가 조화를 이룬다.

INFO.

도쿄 미나토구 시로카네다이 4-19-17 3층 　+81 50-5444-5931 　11:30~24:00 　연중무휴
https://boheme.jp/penthouse/ 　예약 가능(공식 홈페이지 또는 전화로 문의)
도쿄 메트로 난보쿠선·도에이 미타선 시로카네다이역 출구 1에서 도보 5분

A 이탈리아 시골집이 떠오르는 건물. 가드닝&플라워숍, 카페, 레스토랑이 한 건물에 있다.
B 가장 인기가 많은 빵은 '비에누아 밀크 크림'(280엔). 부드러운 크림이 가득 들어 있다.
C 큰 창으로 정원의 경치를 바라볼 수 있다.
D 이탈리아산 밀가루로 만든 마르게리따 피자(1540엔). 푹신푹신하고 도톰한 도우는 탄력이 있으면서 쫀득쫀득하다.

날씨가 좋은 날에 딱 어울리는 테라스 자리. 이탈리아 국기 같은 배색의 의자가 귀엽다.

이곳은
일본 속의 이탈리아?

GARDEN SQUARE cafe Felice

도리쓰카세이

가든 스퀘어 안에 있는 'cafe Felice'는 이탈리아를 좋아하는 주인장이 '나폴리 산 속 마을에 있는 작은 카페'를 상상해서 만든 공간으로 나폴리를 느낄 수 있는 요리와 정원의 꽃과 식물이 매력적이다. 정원은 봄에는 벚꽃, 여름에는 무성하게 자라는 풀, 가을에는 단풍, 겨울에는 눈으로 계절마다 다양한 풍경을 즐길 수 있다.

'Felice'란 이탈리아어로 '행복한'을 의미한다. 자연을 가까이에서 느끼면서 느긋하고 행복한 시간을 보내 보자.

INFO.

도쿄 네리마구 나카무라미나미 1-27-20
+81 3-3825-2992
9:00~18:30(L.O.18:00)
매주 목요일(공휴일에는 영업)
https://g-s.jp/ 예약 불가
세이부 신주쿠선 도리쓰카세이역 북쪽 출구에서 도보 7분

갈색의 고풍스러운 문과 붉은 텐트가 특징적인 외관.

갑자기 나타나는 귀여운 문을 열면

COFFEE WORK SHOP Shanty

기타센주

주인장이 직접 볶은 커피(450엔~)는 한 잔 한 잔 사이폰 방식으로 내린다.

기타센주의 쉼터 'COFFEE WORK SHOP Shanty'는 1968년에 문을 연 노포다. 길을 가다 갑자기 등장하는 빨강과 초록의 복고적인 입구가 사랑스럽다.

벽돌로 만들어진 클래식하고 차분한 색감의 공간에는 시간이 느긋하게 흐르는 듯하다. 스무 종류의 커피는 비교해서 마셔 보면 한 잔 한 잔 확실한 차이를 느낄 수 있다.

주인장이 직접 볶은 원두를 구매할 수 있는 점도 좋다. 또 커피뿐만 아니라 홍차나 주스도 다양해 음료 메뉴만 해도 마흔 가지나 된다. 미소가 멋진 주인장 부부에게 취향을 이야기하고 추천을 받아도 좋다. 따뜻한 대화 덕분에 어깨의 힘도 풀린다. 한숨 돌리고 싶을 때 방문하기 좋은 집처럼 편안한 찻집이다.

회반죽으로 바른 벽이 오랜 세월을 보여준다.

A 네 가지 수제 잼을 곁들인 잼 세트 토스트(500엔).

B 시폰 케이크는 포크를 갖다 대면 픽픽 소리가 날 정도로 푹신푹신하다.

C 녹색 벽과 대비를 이루는 붉은 커피캔. 다양한 종류의 원두를 갖추고 있다.

A

B

C

INFO.

도쿄 아다치구 센주 1-30-1　+81 3-3881-6163
10:00~19:00(L.O.18:30)　매주 수요일, 목요일
없음　예약 불가
JR · 도쿄 메트로 · 도부 철도 기타센주역 서쪽 출구에서 도보 5분

COLUMN

찻집 100배 즐기기

찻집과 카페 편

'코히테이 루안'과 'teal chocolate & ice cream'.
일반적인 느낌으로 말하자면 차분하고 고풍스러운 공간은 찻집,
개방적인 공간은 카페이지만 반드시 그렇다고 단정 지을 순 없다.

가볍게 식사를 하거나 케이크를 먹고 싶을 때 찻집(킷사텐)이나 카페에 가는 사람이 많을 것입니다. 매년 새로운 카페는 늘고 있지만 젊은 사람들 사이에서 오래된 찻집은 오히려 새롭게 느껴져 유행이 되기도 합니다. 그런데 카페와 찻집은 어떻게 다른 걸까요?

결론부터 말하자면 명확한 차이는 더 이상 없습니다. 과거에는 개업할 때 영업신고증에 차이가 있었습니다. 찻집의 영업신고증으로는 주류를 판매할 수 없었기 때문에 찻집의 음식 메뉴는 토스트 같은 조리가 간단한 요리뿐이었습니다. 그런데 2021년 6월에 식품위생법이 개정되면서 카페와 찻집 모두 음식점처럼 영업신고가 의무화되면서 경영상 차이는 사라졌습니다. 하지만 이는 가게를 운영하는 사람들에게나 중요하지 손님 입장에서는 무슨 말인가 싶을 겁니다. 결국 저마다의 역사나 이름, 철학을 이해하고 왜 카페 혹은 찻집이라고 이름을 붙였는지 생각해 보는 것도 재미있지 않을까요?

달콤한 위로를 주는 작은 아지트 카페

혼자 마음 편히 쉬고 싶을 때,
일을 마치고 나서 늘어지고 싶을 때,
조용히 책을 읽고 싶을 때.
그럴 때 아지트 같은 작은 카페에서 어깨를 쭉 펴 보면 어떨까?
마음 편히 나만의 시간을 즐긴다면 매일의 삶이 더 충실해질 것이다.

평범한 날들에 불을 밝히는
혼자만의 시간

레큐무 데 주르

レキュム・デ・ジュール

센가와

겨울은 사과, 봄은 딸기, 초여름은 오렌지 망고, 여름은 블루베리,
가을은 캐러멜 밀크처럼 계절마다 달라지는 '계절 파르페'(1000엔~).
넬 드립으로 내린 순한 커피와 세트로 주문할 수도 있다(1450엔~).

A 어두컴컴한 공간을 비추는 조명 덕에 마음도 따뜻해진다. 너무 고요하지 않은 재즈 음악도 마음을 편안하게 해 준다.

B 과거 편집자였던 주인장이 직접 모으거나 친구들에게 받은 책들이 꽂혀 있다. 질서 없이 꽂혀 있는 듯하지만 주제성이 느껴지는 것도 매력적이다.

C 음악에 섞여 들리는 시곗바늘 소리로 시간의 흐름을 느낄 수 있다.

D 카운터에는 술이 죽 놓여 있다. 밤에는 바로도 운영한다.

센가와역에서 5분 정도 걸어가면 상점가 끄트머리에 이 가게가 있다. 가게 이름인 '레큐므 데 주르'는 프랑스 작가 보리스 비앙의 소설 『세월의 거품(L'Écume des jours)』의 원제를 따왔다. 소설을 오마주해 꽃으로 장식한 내부는 아름답고 애달픈 청춘을 표현하는 듯하다.

시계 소리나 재즈 음악을 가만히 듣거나 독서에 열중하거나 글을 쓰는 등 능동적으로 보내는 시간은 '이곳에 있는 나'의 존재를 깨닫게 해 준다. 아마 그 시간은 넘치는 오락거리에 수동적으로 빼앗긴 소중한 시간일 것이다. '해 질녘의 프렌치 토스트', '밤의 나폴리탄'처럼 흘러가는 시간을 의식하는 메뉴도 있다. 이곳에서 혼자만의 소중한 시간을 보내 보자.

INFO.

도쿄 조후시 센가와초 1-15-4 미즈세 빌딩 2층
+81 3-5313-4078 　12:00~23:00
매주 월요일(공휴일인 경우 다음 날인 화요일)
http://lecume.web.fc2.com/, https://www.instagram.com/lecume_hibinoawa/
예약 불가
게이오선 센가와역에서 도보 5분

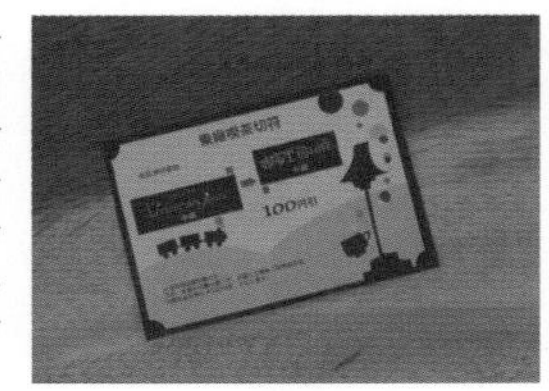

이곳에서는 별관 '히비노아와(60쪽)'로 가기 위한 '환승 티켓'을 받을 수 있고, 당일에 한해 별관에서 할인권으로 사용할 수 있다. 반대로 별관에서는 본관행 티켓을 받을 수 있다. 이제는 귀해진 종이 승차권은 기념으로 간직할 수도 있다.

길고 좁은 것이 특징인 내부. 본관과 마찬가지로 소설『세월의 거품』을 오마주해서 창가에 꽃을 두었다.
책장에는 프랑스와 관련된 책이나 꿈이 펼쳐지는 듯한 그림책이 꽂혀 있다.

아담한 행복

킷사시쓰 히비노아와

日々の泡

센가와

상점가에 서 있는 목제 입간판.
밖에 나와 있는 시계가 문 닫는
시간을 가리키고 있다.

등잔 밑이 어둡다고 해야 할까. 상점가 한가운데에 모르면 그냥 지나칠 정도로 조용하게 존재하는 이곳은 '킷사시쓰 히비노아와'. 상점가 끄트머리에는 본관인 '레큐무 데 주르(58쪽)'가 있다.

북적거리는 상점가와 분리된 듯한 독특한 공간이다. 원래 이 자리에 있던 오래된 찻집 '킷사마리'를 이어받아 세월이 느껴지는 벽과 테이블을 다시 손봐서 만든 내부에는 찻집의 예스러움을 고이 간직하려는 주인장의 마음이 담겨 있다. '킷사시쓰(tea room)'라는 말에 깃든 작고 조용한 울림은 혼자서 느긋하게 시간을 보내고 싶을 때 안성맞춤이다.

상점가에 빛나는 작은 불빛. 등대처럼 거리를 비추는 이 가게에서 집으로 돌아가기 전에 커피 한 잔으로 몸과 마음에 온기를 더해 보면 어떨까?

Ⓐ 탁상에 놓여 있는 문구류는 글을 쓰거나 생각할 때 사용할 수 있다.
Ⓑ 계단을 오르면 문 너머에 있는 세계가 은은하게 빛나는 모습을 볼 수 있다.

천천히 숙성시킨 원두를 사용한 에이징 커피와 시나몬향이 퍼지는 애플 파이는 세트로 더 저렴하게 먹을 수 있다(1100엔). 테이블은 낡은 것을 고쳐서 사용 중이고 타일에는 가게 이름이 히비노아와(매일의 거품 - 옮긴이)인 만큼 거품 모양이 새겨져 있다.

INFO.

도쿄 조후시 센가와초 1-13-9 2층 / +81 3-5313-4078 / 13:00~19:00
토~화(휴무가 불규칙적이므로 인스타그램 확인 필수) / https://www.instagram.com/lecume_hibinoawa/ / 예약 불가
게이오선 센가와역에서 도보 4분

골목길에서 마주한
나만의 아지트

앙세뉴당글

アンセーニュダングル

하라주쿠

가게에 들어서는 계단길이 설렘을 안겨준다.

북적거리는 하라주쿠역에서 조금 걸어 조용한 골목길로 들어가면 휴식처가 나타난다. 프랑스어로 '길모퉁이의 간판'을 의미하는 '앙세뉴당글'은 그 이름처럼 길모퉁이에 있다.

통나무를 사선으로 두른 천장과 따스하게 빛나는 간접 조명. 취향이 묻어나는 공간에 매료되어 많은 찻집이 영향을 받았다는 이곳은 1975년 창업 당시부터 변함없는 프렌치 스타일을 고집하고 있다. 취향이나 기분에 맞춰 바 자리 혹은 살짝 숨겨진 테이블 자리를 선택할 수 있다. 그리고 서로 시선이 부딪히지 않도록 자리가 배치되어 있어 누구나 편안하게 머물 수 있다. 이곳의 편안한 분위기는 꼭 직접 느껴 보았으면 한다.

선반에는 커피 도구와 잔이 진열되어 있다. 덴마크 로얄 코펜하겐의 제품을 중심으로 다양한 고급 도자기가 눈에 띈다.

'딱 좋은 거리감'이 계산된 좌석. 편암함은 인테리어뿐만 아니라 사물의 배치 방식과 거리감 등에서 오는 법.

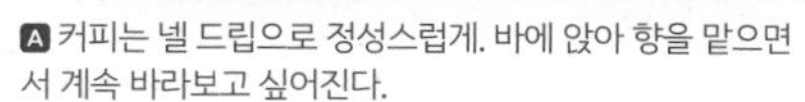

A 커피는 넬 드립으로 정성스럽게. 바에 앉아 향을 맡으면서 계속 바라보고 싶어진다.

B 유일한 디저트 메뉴인 '갸또 프로마쥬'(570엔)는 클래식한 치즈케이크. 치즈의 감칠맛이 커피와 잘 어울린다.

C 차가운 커피에 크림을 띄우고 브랜디로 향을 입힌 '호박의 여왕'(950엔). 차가울 때 섞어서 마시는 걸 추천한다.

INFO.

도쿄 시부야구 센다가야 3-61-11 다이니코마신 빌딩 지하 1층
+81 3-3405-4482 10:00~21:00(L.O.20:30)
연말연시 없음 평일만 예약 가능(전화로 문의)
JR 하라주쿠역 다케시타 출구에서 도보 5분

차분한 느낌의 장식들 덕분에 마음이 놓인다. 바로 옆에는 네 명이 여유 있게 앉을 수 있는 테이블이 있다.

A 치즈가 듬뿍 들어간 파스타. '런치 파스타'(900엔)는 매주 종류가 달라진다.

B 우유가 듬뿍 들어간 카페라테(550엔)로 식후에 한숨 돌려 보자.

C 크고 작은 램프 조명에 모습을 드러내는, 향수를 자극하는 앤티크.

A

B

C

더없이 행복한 시간은
남들이 잘 모르는 곳에 있다

로제 카페

ロジェカフェ

에비스

고즈넉한 뒷골목을 걷다 보면 문득 계단에 놓인 메뉴판을 발견할 수 있다. 어랏, 하며 올려다보면 소란스러운 에비스 거리와는 대조적인 '로제 카페(Loger Cafe)'가 조용히 자리하고 있다. 출입문을 열자마자 향수를 일깨우는 램프의 따스한 불빛과 앤티크 가구가 보인다. 낮에는 큰 창으로 빛이 들어와 또 다른 분위기를 느낄 수 있다. 프렌치 비스트로 카페라서 식사와 음료 메뉴가 풍부하고 밤에는 바로도 즐길 수 있다. 배도 채우고 마음도 채우는 시간을 약속할 수 있는 곳이다.

INFO.

도쿄 시부야구 에비스 1-7-3 다이이치쿄에이 빌딩 2층
+81 3-3445-1700 12:00~23:00(L.O.22:00)
연중무휴 없음 예약 가능(전화로 문의)
JR 에비스역 서쪽 출구에서 도보 5분

A '닐의 가쓰산도 클래식'(1250엔)은 안심, 타프나드, 아보카도와 오리지널 소스가 들어간 인기 메뉴.

B 접시 가득 펼쳐진 부채 모양의 '슈가 버터 크레페'(610엔)는 어른들을 위한 심플한 크레페다. 취향에 맞게 생크림이나 시나몬 등을 곁들여도 좋다.

더없이 행복한 시간은
의외로 가까운 곳에 있다

neel

하라주쿠

메이지진구마에, 하라주쿠, 기타산도의 딱 가운데쯤. 역에서 조금 걸어가면 나오는 한산한 주택가 안에 있는 카페 'neel'.

카운터에서 주문을 한 후에 안쪽 계단을 오르면 다락방처럼 나무의 온기가 느껴지는 공간이 펼쳐진다. 오프 화이트 베이스의 벽지와 짙은 갈색의 병과 오브제의 대비가 멋지다. 2층 자리 외에도 1층 실내석이나 실외 테이블석도 있어서 따뜻한 날에는 바깥 바람을 느끼면서 즐길 수 있다.

그림책 느낌의 서양배 로고가 귀엽다.

다락방 같은 편안함이 느껴지고 창으로 자연광이 들어온다.
낡은 듯하지만 세련된 목제 가구는 왠지 모르게 향수를 불러일으킨다.

INFO.

도쿄 시부야구 진구마에 2-19-2　+81 3-6885-9157　10:00~20:30(L.O.20:00)
비정기휴무　https://neel.coffee/　예약 불가
JR 하라주쿠역, 도쿄 메트로 메이지진구마에역 엘리베이터 출구, 후쿠토신선 기타산도역 2번 출구에서 도보 10분

좌식 테이블에 둘러앉아
도란도란 이야기하고 싶은

Chabudai

가와고에

가와고에의 역사와 낭만은 많은 이의 동경의 대상이다. 지은 지 100년 이상 된 일본 가옥을 개조한 'Chabudai(차부다이)'는 혼카와고에역에서 13분 정도 걸어가면 나오는데, 가는 길에 에도·가와고에 상점가를 즐길 수 있다. 가와고에라는 동네를 즐기고 싶은 사람에게는 안성맞춤인 찻집이다. 라운지나 갤러리, 게스트하우스도 있어서 관광객이나 동네 사람들이 차부다이(다리가 낮은 밥상)에 둘러앉아 담소를 나눈다. 날씨가 좋은 날에는 테라스 자리를 추천한다.

INFO.

- 사이타마현 가와고에시 산쿠보초 1-14
- +81 49-214-1617
- [평일] 11:00~16:00, [주말 및 공휴일] 11:00~17:00
- 매주 화요일, 수요일
- https://chabudai-kawagoe.com/
- 일부 예약 가능(전화로 문의)
- 세이부 신주쿠선 혼카와고에역 동쪽 출구에서 도보 13분, 도부토조선 가와고에시역에서 도보 15분

A '메이플 넛츠 스콘'(320엔)을 비롯한 메뉴는 모두 가와고에 주변에서 나는 재료를 사용한다.

B 한편에서 도서 판매나 교환, 대출도 한다.

C 좌식 밥상 같은 둥근 나무 간판. 실제로 뒷면에 밥상 다리가 달려 있다.

진한 갈색의 나무와 강처럼 파란 타일의 대비가 고풍스러우면서 귀엽다.

A

A 집처럼 편안한 내부. 책을 읽거나 정원의 식물을 바라보며 사색의 시간을 즐길 수 있다.

B 푸르름이 가득한 정원. 테라스석은 반려견 동반이 가능하다.

C '갓 구운 애플 파이와 바닐라 아이스크림'(800엔). 바삭바삭한 파이와 차가운 아이스크림의 궁합이 좋다.

D 기타카마쿠라의 이시카와 커피에서 로스팅한 원두를 사용한 'kaeru 블렌드'(500엔)는 가벼운 산미와 상쾌한 맛.

B

C

D

푸르름에 숨겨진
비밀의 방

cafe kaeru

가마쿠라

관광 명소로 늘 북적이는 가마쿠라지만 작은 길로 들어서면 조용하다. 푸른 정원을 지나 조금 더 걸어 들어가면 '카페 카에루(cafe kaeru)'가 있다.

가게 이름은 주인장이 오래전부터 수집한 개구리(일본어로 카에루 - 옮긴이) 컬렉션에서 유래한다. 내부에는 개구리와 관련된 책과 소품이 가득하다. 개구리를 좋아한다면 꼭 방문해야 하는 곳이다.

커다란 창으로 들어오는 기분 좋은 빛과 마치 온실처럼 화창한 공기, 푸르름으로 가득한 정원을 바라보면 시간을 잊을 것만 같다. 식사도 가능해서 사찰 순례 중에 점심 식사를 하기에도 좋다.

INFO.

가나가와현 가마쿠라시 니카이도 936
+81 467-23-1485
11:00~17:00(L.O.16:30)
매주 수요일, 목요일, 비정기휴무
https://www.instagram.com/cafekaeru_kamakura/
예약 불가
JR 가마쿠라역 동쪽 출구에서 도보 22분, 게이큐 버스 '덴진마에'에서 하차 후 도보 3분

평일에도 많은 사람으로 붐비는 카페. 마스코트 고양이를 만나러 온 학생들이나 업무로 지친 마음을 위로받기 위해 찾는 직장인, 오랜 단골 등 폭넓은 사람들에게 사랑받는 곳이다.

고양이와 함께 보내는
편안한 공간

카페 아르르

カフェアルル

신주쿠

나폴리탄을 노리는 가게 앞 고양이 장식물 '냐폴리탄'. 이 걸 보면 어쩔 수 없이 나폴리탄이 먹고 싶어진다.

신주쿠 5초메 뒷골목에 있는 '카페 아르르(Cafe Arles)'는 1978년에 문을 연 역사 깊은 신주쿠의 찻집 중 하나다. 내부는 주인장이 취미로 수집한 프랑스 골동품, 회화 같은 미술품이 가득하다. 또한 수많은 삐에로 오브제와 마리오네트 장식이 고풍스러운 세계관을 드러낸다. 친구와 대화를 나누거나 잠깐의 휴식을 즐기는 등 자유롭게 시간을 보낼 수 있는 공간이다.

또한 이곳은 마스코트 고양이의 존재로도 유명하다. 마스코트 고양이 지로초와 이시마쓰는 원래 임시보호 중이던 고양이라고 하는데, 자유롭게 내부를 거니는 고양이들을 보는 것만으로도 마음을 위로받을 수 있다. 네온이 반짝이는 신주쿠 거리와는 동떨어진 느긋한 시간의 흐름. 위로가 필요할 때 맛있는 점심 식사와 커피를 즐기고 고양이들과 장난을 쳐 보면 어떨까?

A 마스코트 고양이 이시마쓰. 붙임성이 좋아서 재빨리 손님 무릎에 올라가 앉기도 한다.

B 워터 드리퍼로 내린 아이스 커피. 원두는 카라반으로, 하루 한 잔 마시면 만족할 정도로 탄탄한 맛.

C 내부 이곳저곳에 놓여 있는 삐에로 오브제. 손님을 즐겁게 하거나 격려하기를 좋아하는 주인장의 성격 덕분에 자연스럽게 모인다고 한다.

INFO.

도쿄 신주쿠구 신주쿠 5-10-8 1층
+81 3-3356-0003
11:30~21:00(L.O.20:30) 매주 일요일
없음 예약 불가
도쿄 메트로 신주쿠산초메역 C7 출구에서 도보 6분, 도쿄 메트로 마루노우치선 신주쿠가이엔마에역 1번 출구에서 도보 7분, 도쿄 메트로 후쿠토신선 히가시신주쿠역 A3 출구에서 도보 9분

인도풍 오므라이스인 '인도 오므라'(820엔). 카레 맛의 필라프를 살짝 구운 계란으로 감싸고 특제 카레를 듬뿍 올린 인기 메뉴.

많이 달지 않은 촉촉한 시폰케이크에 장미 모양의 아이스크림을 올린 '비앙카 케이크'(600엔).

반지하 비밀기지

비앙카

びあん香

니시오기쿠보

나무에 가려진 '비앙카'의 간판은 못 보고 지나치기 쉽다.

동화에 나오는 비밀의 정원처럼 입구에 담쟁이덩굴이 무성한 '비앙카'는 반지하에 있는 찻집이다. 계단을 여러 칸 내려가서 매장으로 들어가기 때문에 마치 숨겨진 곳을 발견한 듯 설렘이 느껴진다.

지하철역과 가까워 밖은 많은 사람이 오가지만 가게 안은 테이블 세 개와 네 명이 앉을 수 있는 바가 전부인 작은 공간이라 차분해서 좋다. 창가나 테이블 위에 식물이 놓여 있어 무언가에 쫓기는 나날을 보내는 사람의 마음도 쉬게 할 수 있을 것만 같다. 인기 메뉴인 흰 장미 아이스크림은 녹아내리기 전에 먹는 것을 추천한다.

INFO.

- 도쿄 스기나미구 니시오기키타 2-3-1
- +81 3-3394-4584
- 11:00~19:00　비정기휴무
- 없음　예약 불가
- JR 니시오기쿠보역 북쪽 출구에서 도보 2분

A 클래식한 분위기의 넓은 매장. 유럽에 있을 법한 카페다.

B 평소 자주 걷던 메구로 강가에서 계단을 오르면 탁 트인 경치를 즐길 수 있다.

C 핸드 드립으로 정성스럽게 내린 커피. 좋은 향이 가게 안에 가득하다.

강가에 흐르는 시간

Huit

나카메구로

강가의 풍경은 어째서 이토록 사람의 마음을 간지럽히는 걸까. 'Huit(유잇토)'는 프랑스의 비스트로를 연상시키는, 메구로 강변에 위치한 카페다.

높은 천장과 오렌지색 조명은 개방감과 차분함을 연출한다. 창으로 들어오는 빛 덕분에 마음이 따스해져 가벼운 여행을 온 듯하다. 봄에는 아름다운 벚꽃을 만끽할 수 있다. 카페나 디저트도 인기가 많지만 정성이 들어간 식사 메뉴도 추천한다. 문득 시선을 돌리면 메구로강의 푸르른 나무 사이로 비치는 햇빛이 아름답다. 이곳에서 도시에서는 보기 드문 경치를 즐겨 보자.

INFO.

도쿄 메구로구 나카메구로 1-10-23 리버사이드 테라스 1층
+81 3-3760-8898
[일~목] 12:00~22:00(L.O.21:30),
[금, 토, 공휴일 전날] 12:00~23:00(L.O.22:30)
※16:00~18:00에는 카페만 영업
연말연시
https://www.instagram.com/huit_nakameguro/
예약 가능(전화로 문의)
도큐토요코선·도쿄 메트로 히비야선 나카메구로역 정면 출구에서 도보 5분, JR·도쿄 메트로 히비야선 에비스역 5번 출구에서 도보 13분

메구로강을 바라보면서 커피를 천천히 맛보는 사치스러운 시간.

입구에서 새어 나오는
빛에 이끌리는

구스타프 커피

ぐすたふ珈琲

에코다

에코다역에서 걸어서 5분. 주택가의 작은 샛길로 들어가면 조용히 숨어 있는 듯한 카페가 나타난다. '구스타프 커피(Gustav Kaffee)'다. 출입문을 열면 긴 바 테이블과 이곳의 트레이드 마크인 새빨간 벨벳 의자가 눈에 들어온다.

과거 스낵바(일본식 주점-옮긴이)였던 곳을
개조했다. 매장은 안길이가 길고,
푹신한 모피가 씌워진 벽이 편안한 느낌을 준다.
80년대 건축물의 분위기가 연출되어 있다.

A 프렌치 로스팅 방식으로 직접 볶은 원두. 정성스럽게 넬 드립으로 내린 진한 커피를 맛볼 수 있다.
B 생크림을 아낌없이 사용한 비엔나 커피 '카페 멜란제'(900엔). 라즈베리 토핑의 산미가 좋은 악센트가 된다.
C 나무로 된 문과 간판이 가장 먼저 눈에 들어온다.
D 손님이 맛에 집중할 수 있도록 일부러 무늬가 없는 순백의 잔을 사용한다. 그래서 형태가 재미있는 잔을 하나하나 찾아 헤맨다.

주인장이 추천하는 메뉴는 뭐니 뭐니 해도 프렌치 로스트 커피다. 스페셜티 커피가 가진 쓴맛과 향기를 충분히 끌어내기 위해 직접 로스팅한 프렌치 로스트 원두를 사용한다. 에티오피아 내추럴과 워시드, 브라질, 콜롬비아, 인도네시아, 만델링(수마트라 섬 만델링산 커피 - 옮긴이) 등 다양한 원두가 담긴 병과 귀여운 소품들, 커다란 로스터기로 둘러싸인 바에 앉아 커피를 즐겨도 좋고, 안쪽 테이블에 앉아 조용히 책을 읽어도 좋다. 비밀기지처럼 느긋하게 혼자만의 시간을 즐겨 보자.

INFO.

도쿄 네리마구 아사히가오카 1-56-13 맨션 가루이자와 103 +81 3-3951-5511 10:00~18:00(L.O.17:30)
매주 수요일 https://www.instagram.com/gustavkaffee/ 예약 가능(전화로 문의)
세이부 이케부쿠로선 에코다역 남쪽 출구에서 도보 5분

커튼으로 절반만 가려진 창으로 들어오는 빛이 마음을 편안하게 해 준다. 오픈 초기부터 인기가 많은 바나나 브레드 케이크(600엔)는 바나나의 풍미가 뚜렷해 블렌드 커피(500엔)에 곁들이는 것을 추천한다.

A 구석에 있는 중후한 느낌의 4인용 다이닝 테이블.

B 콜로니얼 양식의 새하얀 건축물.

미국에 있는 친구 집에
초대받은 듯한

TEA ROOM BURTON

히가시린칸

비행기를 타지 않아도 미국 문화를 맛볼 수 있는 카페가 있다. 히가시린칸역 바로 옆에 있는 백색의 아름다운 카페 'TEA ROOM BURTON(티룸 버튼)'이다.

미군 시설이 많은 사가미하라시에서 태어나 자란 주인장이 소년 시절에 본 '울타리 너머 미군 기지 내 저택'을 동경해서 탄생했다. 넓은 방에 낙낙하게 테이블이 놓여 있어 평온한 공기가 흐른다. 앤티크 가구나 잡화가 생활감을 간직한 채 놓여 있어 마치 미국 친구 집에 초대받은 듯한 기분이 든다.

INFO.

가나가와현 사가미하라시 미나미구 히가시린칸 5-2-4
+81 42-748-8869
10:30~18:30(L.O.18:00) 매주 수요일
https://www.facebook.com/profile.php?id=100063740072921
예약 불가
오다큐 에노시마선 히가시린칸역 서쪽 출구에서 도보 1분

이곳은 끝나지 않는
여행의 거점

타비스루 킷사

旅する喫茶

고엔지

이 가게 이름은 주인장이 일본 전국을 떠돌며 여행하고, 지역 식재료로 만든 크림소다와 카레를 제공하는 프로젝트와 관련이 있다.

향신료의 은은한 향기가 감도는 다크 우드 느낌의 실내. 이곳에서 맛은 물론이거니와 압도적인 조형미와 그라데이션이 매혹적인 크림소다를 즐길 수 있다. 여행 중에 만난 식재료로 만든 한정 메뉴도 있다. 아직 경험해 보지 못한 일본의 맛을 여행하듯 찾아나가 보면 어떨까?

A 간판 메뉴는 크림소다와 카레. 카레 장인인 주인장이 각 재료에 어울리게 만든 카레는 일품이다. 혼자만의 세계로 파고들 수 있는 테이블석과 옆으로 나란히 앉는 카운터석이 있다.

B 크림소다는 상시 메뉴뿐만 아니라 비 오는 날에만 맛볼 수 있는 한정 메뉴도 있다. SNS를 체크해 보자.

C 뒷골목에 있는 문은 비일상으로 들어가는 입구 같다. 여행할 때의 설렘과 닮았다.

INFO.

도쿄 스기나미구 고엔지미나미 4-25-13 2층　없음
12:00~20:00(L.O.는 폐점 30분 전)　매주 월요일　https://tabisurukissa.com/
공휴일 당일에만 공식 홈페이지에서 번호표 발급　JR 고엔지역 남쪽 출구에서 도보 2분

지하에 있는 'coin'에서는 정기적으로 식기, 잡화, 오리지널 가구를 판매한다.
큰 테이블은 신사나 절, 궁전 등을 전문으로 하는 목수가 만든,
일본과 서양 스타일을 절충한 서양식 가구다.

계단을 내려가면 나오는
비밀의 지하 공간

Coffeebar & Shop
coin

니혼바시

1층은 천연효모빵을 판매하는 'Bakery bank'.

오피스가의 이미지가 강한 니혼바시카부토초에 로망 넘치는 미식의 신천지가 나타났다. 베이커리, 비스트로, 커피 바, 인테리어 숍, 꽃집이 한데 모인 복합시설 'BANK'다.

과거 은행 건물을 개조한 내부는 오래된 자재와 노출 콘크리트, 벽돌이 사용되어 거친 질감과 따스함이 공존한다. 지하에 있는 커피 바 'coin'은 어두컴컴한 비밀기지 같은 분위기에 어스름한 조명과 양초가 빛을 발하고 앤티크 가구가 어른의 시간을 연출한다. 아침에는 베이커리, 비스트로에서 아침 식사를 한 후 커피 바에서 차를 마시고, 저녁에는 바에서 술을 한 잔 즐겨 보면 어떨까?

A 플라워 디자이너 호소카와 모에가 운영하는 플로럴 디자인숍 'Flowers fête'가 바 안에 있다. 사실 이 건물이 은행이었을 때 금고가 있던 곳이다. 휴일에는 워크숍도 진행된다.

B 커피는 가볍게 볶은 원두를 사용한다. 오리지널 coin 블렌드는 균형감이 좋아 마시기 편하다. 가볍게 볶아 산미가 적기 때문에 산미를 좋아하지 않는 사람들에게도 추천한다.

C 입구 옆에는 수령 100년의 올리브 나무가 있다. 나뭇잎 사이로 비치는 햇빛이 아름답다.

말린 과일이 가득 들어가 식감이 다채로운 당근 케이크(800엔). 향신료의 풍미가 좋고 많이 달지 않다.

INFO.

도쿄 주오구 니혼바시카부토초 6-7 지하 1층 　+81 50-3635-0836 　11:00~21:30(L.O.21:00)
매주 화요일, 수요일 　https://www.instagram.com/coin_cf.sp_tokyo/ 　예약 불가
도쿄 메트로 가야바초역 11번 출구에서 도보 1분, 도쿄 메트로 · 도에이 아사쿠사선 니혼바시역 D2 출구에서 도보 3분

COLUMN

찻집 100배 즐기기

자기와 도기 편

장식이 아름다운 앙세뉴당글의 자기 잔.

Huit의 도기 잔. 두꺼워서 커피가 잘 식지 않아 좋다.

누구나 '도기'와 '자기'라는 말을 한 번쯤 들어 보았을 것입니다. 이른바 '흙으로 구워 만든 미술품' 가운데 현대 식기로 가장 많이 쓰이는 것들인데, 혹시 이 둘의 차이를 아시나요?
원재료나 굽는 온도, 흡수성 등에서 차이가 나타나는데 이를 이해하려면 약간의 시간이 필요합니다. 그래서 이 둘을 구분하는 세 가지 간단한 방법을 소개해 보려 합니다.

구분법 1

[빛을 비추어 보기]

도기는 일반적으로 두껍게 만들어지는 경우가 많아서 빛을 비춰도 통과하지 못해 반대편이 비쳐 보이지 않습니다. 반면에 자기는 얇게 구워져 바닥이나 손잡이가 비칩니다.

구분법 2

[도기 바닥 만져 보기]

도기와 자기를 만들 때 모두 유약을 뿌리는데 식기를 내려놓았을 때 바닥과 닿는 부분에는 유약이 묻어 있지 않습니다. 그래서 바닥을 만졌을 때 거칠거칠하면 원료가 점토인 도기이고, 바닥이 매끈하면 점토를 사용하지 않은 자기임을 알 수 있습니다.

구분법 3

[손톱으로 두드려서 소리 들어 보기]

도기는 점토가 주요 원료라서 손톱으로 두드리면 탁 하고 낮고 둔한 소리가 나는 데 반해 유리 소재가 많이 포함된 자기는 높은 소리가 납니다.

마음에 드는 잔이 자기인지 도기인지 궁금하다면 답을 맞춰 보세요. 단, 카페의 식기는 조심히 다루고 충분히 주의를 기울여 주세요.

색다른 맛과 경험을 즐기는 도쿄 찻집

찻집은 커피나 가벼운 식사만을 즐기는 곳이 아니다.
아주 특별한 체험을 할 수 있는 곳만 모았다.
플라네타륨이 설치된 카페부터 커피 공장 내에 있는 카페,
활판 인쇄를 체험할 수 있는 카페까지.
이 특별한 공간에서 유일무이한 체험을 즐겨 보자.

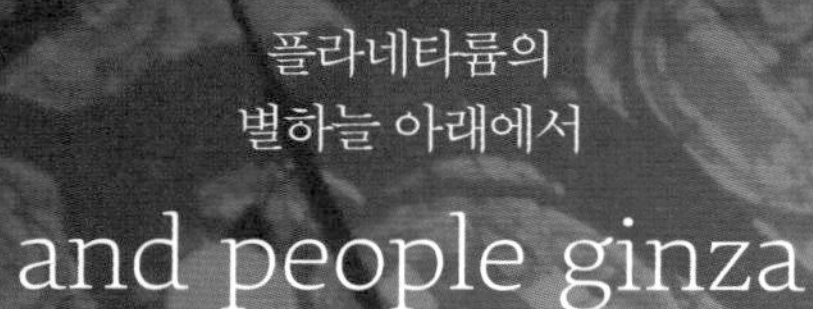

플라네타륨의
별하늘 아래에서

and people ginza

긴자

천장에 비춘 신비로운 프로젝션 매핑.
하늘에 가득한 별이나 오로라,
불꽃놀이 영상을 4K 화질로 즐길 수 있다.

역사 깊은 긴자 거리에 대낮부터 하늘 가득한 별이나 로맨틱한 빛을 즐길 수 있는 공간이 있다.

언뜻 보면 평범한 건물이지만 안으로 들어가면 몽환적인 공간이 눈앞에 펼쳐진다. 'and people ginza(앤드 피플 긴자)'는 과거 유럽의 폐허를 콘셉트로 만들어진 공간이다. 아름다운 타일로 꾸민 테이블과 직접 칠한 벽, 천장에 걸려 있는 전구 등 유일무이한 세계관이 느껴지는 이곳은 주인장이 직접 디자인했다.

9층에 도착해 계단을 내려가면 넓은 메인 플로어가 나온다. 투영기로 하늘 가득한 별이나 스테인드글라스, 오로라 영상을 쏘아올린 천장을 올려다보면 무심코 탄성이 흘러나온다. 대도시라고는 생각할 수 없을 정도로 로맨틱한 시간이다. 걷다가 지쳤다면 이곳에서 하늘을 올려다보면서 느긋하게 시간을 보내면 어떨까?

편안한 소파와 테이블이 놓여 있는 공간. 어스름한 내부를 비추는 따뜻한 색감의 전구는 모양과 크기가 제각각이다.

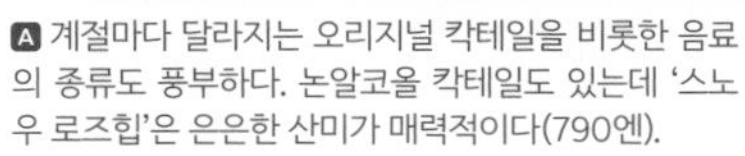

A 계절마다 달라지는 오리지널 칵테일을 비롯한 음료의 종류도 풍부하다. 논알코올 칵테일도 있는데 '스노우 로즈힙'은 은은한 산미가 매력적이다(790엔).

B 생크림과 프랑스산 크림치즈를 사용한 치즈케이크(840엔).

C 주인장이 직접 만든 포토존에서 기념 사진을 찍어보자.

INFO.

도쿄 주오구 긴자 6-5-15 긴자 노가쿠도 이이지마 빌딩 9층 +81 3-3573-8440

12:00~23:00(L.O. 음식 21:50, 음료 22:20) 비정기휴무

https://www.andpeople.co.jp/ginza_concept.html 예약 가능(공식 홈페이지 또는 전화로 문의)

도쿄 메트로 긴자역 C3 출구에서 도보 4분, JR · 도쿄 메트로 유락초역 긴자 출구에서 도보 7분,
도쿄 메트로 · 도에이 미타선 히비야역 C3 출구에서 도보 8분

화려하고 고급스러운 인테리어.
좌석 뒤편에 르네 랄리크의 유리 공예「조각상과 포도」가 있다.

하코네 산중에서 타는
오리엔트 급행

Orient Express

하코네

영화나 소설에 등장해 누구나 한 번쯤 들어 본 적 있는 장거리 야행열차 '오리엔트 급행'. 하코네 랄리크 미술관 레스토랑 내에 있는 열차 카페 'Orient Express'에서는 많은 사람을 매료시킨 역사 깊은 열차에 몸을 싣고 우아한 티 타임을 즐길 수 있다.

이 차체는 2001년까지 오리엔트 급행 노선을 달렸던 실제 열차다. 프랑스의 주얼리 유리 공예가인 르네 랄리크가 직접 꾸민 열차를 랄리크 미술관이 인수했다.

열차에 오르면 랄리크의 유리 공예 「조각상과 포도」(1928년 제작)를 가까이에서 볼 수 있다. 빛을 받은 유리가 반짝반짝 빛나는 모습에 매혹되면서 한 손에 잔을 들고 여행을 하는 기분이 든다.

A 호화로운 천이 씌워진 의자. 열차 안에서 조립해서 설치했고 속에는 짚이 들어 있어 앉았을 때 부드럽다.

B 음료와 계절에 따라 달라지는 디저트 세트(2200엔).

1929년부터 파리와 프랑스 남부를 잇는 '코트다쥐르 급행'으로 활약한 후 오리엔트 급행 노선으로 변경되었다. 지금은 레스토랑의 정면 현관 바로 옆에 특별 전시되어 있다.

INFO.

가나가와현 아시가라시모군 하코네마치 센고쿠하라 186-1 +81 460-84-2262 공식 홈페이지에서 확인
셋째 주 목요일(8월은 무휴) https://www.lalique-museum.com 예약 불가(당일 현장에서 선착순으로 예약 접수)
JR 오다큐 오다하라선 오다하라역, 하코네토잔 철도 하노케유모토역에서 하코네토잔 버스를 타고 '센고쿠 안내소 앞'에서 하차
※전화번호, 시간 등은 미술관이 아니라 Orient Express의 정보

활판 인쇄로 맛보는 레트로한 시간

Letterpress Letters

요요기하치만

디지털 인쇄가 일반적인 이 시대에 추억을 떠올리게 하는 빈티지 인쇄기로 활판 인쇄를 할 수 있는 카페가 있다. 'Letterpress Letters(레타 프레스 레타즈)'다.

활판 인쇄 작품을 직접 만져볼 수 있는 곳으로, 한쪽 벽은 책장과 페이퍼 프로덕트로 둘러싸여 있으며 활판 인쇄를 다루는 워크숍도 열린다. 활자를 늘어 놓고 잉크를 묻혀 압력을 가하는 간단하지만 약간의 품이 드는 기술이기 때문에 디지털이 주류인 지금 오히려 새롭게 느껴진다.

작품에 둘러싸여 싱글 오리진 커피와 구움과자를 즐기면서 다정한 주인장과 대화를 나눠 보자. 멋진 분위기가 흐르지만 젠체하지 않아 부담없이 방문할 수 있는 곳이다.

1960년대에 만들어진 빈티지 활판 인쇄기와 목판이 지금도 사용되고 있다.

원래는 디자인 사무실 직원 식당이었던 곳. 심플한 인테리어가 아름답다.

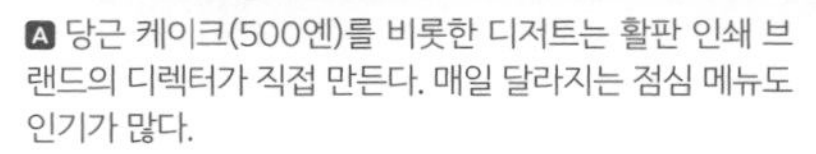

A 당근 케이크(500엔)를 비롯한 디저트는 활판 인쇄 브랜드의 디렉터가 직접 만든다. 매일 달라지는 점심 메뉴도 인기가 많다.

B 영국이나 미국, 이탈리아 등에서 사용되던 목제 알파벳 활자. 140가지 이상의 서체를 꼭 눈으로 확인해 보자(스튜디오 견학은 예약 필수).

C 다양한 활판 인쇄 굿즈가 놓여 있다.

INFO.

도쿄 시부야구 도미가야 2-20-2 　 +81 3-6407-0015
8:00~17:00(L.O.17:00)
일~화, 공휴일(인스타그램 확인 필수)
https://www.letterpressletters.com/ 　 예약 가능
도쿄 메트로 지요다선 요요기코엔역 1번 출구에서 도보 10분,
오다큐 오다와라선 요요기하치만역 2번 출구에서 도보 11분

기존 자원을 활용해 개조한
통일감 있는 내부.

오래된 전통 가옥의
고풍스러운 온기

HAGISO

야나카

야나카에 있는 'HAGISO(하기소)'는 학생들의 셰어하우스로 사용되던 '하기쇼'를 개조한 문화복합시설이다. 동일본대지진을 계기로 해체 예정이었지만 당시 이곳에 살던 학생들이 건축물 전체를 작품으로 만들어 '하기엔날레'를 개최하는 등 매력적인 이 공간의 존재 방식을 재검토하게 되었다. 그 학생들 중 한 명이 운영을 맡았고, 카페와 갤러리, 대여 공간에 다양한 사람이 모여들어 특별한 공간이 탄생했다.

문화가 만들어지는 장소인 만큼 카페 메뉴도 엄선하고 있다. 지역의 채소 가게, 정육점, 생선 가게에서 사 온 재료를 사용한 메뉴부터 직접 만든 케이크까지 어떤 것을 주문해도 실패가 없다. 여러 번 방문하고 싶어지는, 사람과 문화가 모여드는 곳이다.

A 창으로 들어온 빛이 나뭇잎 사이로 보인다. 푸른색 벽지가 원목 테이블과 잘 어울린다.

B 오픈 초기부터 판매 중인 '럼에 절인 무화과 치즈케이크'(670엔). 진한 치즈의 매끄러운 촉감과 럼에 절인 무화과의 식감은 견딜 재간이 없다.

C '계절 머핀'(490엔~)은 직접 만들어 단맛이 은은하다. 커피에 곁들여 보자.

D 원래 아파트였음을 알려주는 흔적인 '하기쇼'의 간판. 입구에 걸려 있어서 왠지 모르게 그립다.

E 개조된 지금도 곳곳에 당시의 시대 풍경이 남아 있다.

INFO.

도쿄 다이토구 야나카 3-10-25 　 +81 3-5832-9808
아침 영업 8:00~10:30(L.O.10:00), 점심·카페·디너 영업 12:00~20:00(L.O. 음식 19:00, 음료 19:30) 　 비정기휴무
https://hagiso.jp/ 　 예약 가능(공식 홈페이지로 문의)
JR·게이세이 전철·도네리 라이너 닛포리역 서쪽 출구, 도쿄 메트로 지요다선 센다기역 2번 출구에서 도보 5분

생산자와 편지로 연결되는

TAYORI

야나카

북적거리는 야나카 긴자 상점가를 빠져나오면 보이는 좁은 골목. 전국의 생산자들과 편지를 주고받을 수 있는 카페 'TAYORI(타요리)'가 있다.

국산 식재료로 만드는 반찬과 정식, 카페 메뉴는 어느 것 하나 빠짐없이 일품이다. '미식의 우체국' 코너에서는 생산자의 손 편지를 읽고 음식을 먹고 난 감상을 편지로 보낼 수 있다. 음식을 먹을 때에도 무심코 생산자의 편지가 떠오를 것이다. 음식을 통해 사람과 사람이 이어질 수 있는 멋진 곳이다.

A 생산자들이 쓴 편지를 읽으면 꼭 답장을 써 보자.
B 우체국 코너의 간판.
C 제철 식재료를 사용한 정식(1500엔)은 매주 메뉴가 바뀐다. 이 밖에도 다양한 정식 메뉴가 있다.
D 천장이 높아서 개방감이 느껴지는 오래된 가옥 분위기의 내부에는 편지를 모티프로 한 소품이 여기저기 놓여 있다.

INFO.

도쿄 다이토구 야나카 3-12-4　+81 3-5834-7026
[수~토] 12:00~20:00(L.O.19:00), [일요일, 공휴일] 12:00~18:00(L.O.17:00)　매주 월요일, 화요일
https://tayori.info/　예약 가능(공식 홈페이지로 문의)
도쿄 메트로 지요다선 센다기역 2번 출구에서 도보 5분, JR · 게이세이 전철 · 도네리 라이너 닛포리역 북쪽 출구에서 도보 6분

현지 식재료와 찻집의
맛있는 콜라보레이션

차야마치 카페

茶屋町カフェ

오이소

어렴풋이 느껴지는 바닷물의 향기. 조금 걸으면 눈앞에 크고 넓은 바다가 펼쳐지는 바다의 거리 오이소에 있는 '차야마치 카페'.

이곳은 역에서 가까운 골목에 있는 북적거리는 커뮤니티 카페다. 오래된 가옥을 개조한 건물은 왠지 모르게 그리움을 불러일으킨다. 현지 재료를 사용하고, 가벼운 식사부터 정식까지 폭넓은 메뉴를 제공하고 있으며 밤에는 바로도 즐길 수 있다. 여행객과 현지 주민들로 북적이는 커뮤니티 공간에서 이야기꽃을 피워 보면 어떨까?

INFO.

가나가와현 나카군 오이소마치 오이소 1156-10 / 없음
[월~수] 11:00~18:30(L.O.17:30), [목~금] 11:00~21:00, [토] 11:00~22:00, [일] 11:00~20:00 / 연중무휴
https://www.instagram.com/chayamachi_cafe/
예약 가능(인스타그램 또는 페이스북으로 문의)
JR 오이소역에서 도보 2분

A 너무 작아서 판매하지는 못하는 고등어로 만들어진 '오이소 하야즈시'(130엔).

B '직접 구운 푸딩'(400엔)은 식감이 단단해서 맛있다.

C 지역에서 나는 레몬의 껍질과 과육을 사용한 아이싱 쿠키 '차야마치 카페의 쇼난 레몬 쿠키'(8매입, 1400엔)는 선물로 인기가 많다.

과거 목욕탕이었던 건물을 그대로 살린 갤러리. 전시가 없는 날은 객석으로 사용할 수 있다.

아름다운 파란 벽이
당신을 맞이하는

킷사 니카이

喫茶ニカイ

야나카

그릇을 비롯해 생활을 다채롭게 만들어 주는 아이템이 모여 있는 1층의 'kokonn'. 킷사에서도 이곳의 그릇을 사용한다.

'킷사 니카이'는 야나카의 시내 느낌이 물씬 풍기는 전통 가옥을 개조한 카페다. 1층에는 도기 등을 판매하는 도기 가게 'kokonn'이 있고 킷사는 2층에 있다. 말 그대로 2층(일본어로 니카이 - 옮긴이) 건물이라 이름이 '니카이'임을 알면 왠지 모르게 웃음이 난다.

예스러운 느낌의 레코드 음악이 흐르고 스테인드글라스나 오래된 도구들 덕분에 쇼와 시대의 분위기를 느낄 수 있다. 파란 벽에는 수많은 액자가 걸려 있어 마치 동화 속 세계에 들어온 듯한 기분이 든다. 그야말로 레트로 모던 느낌.

야나카를 어슬렁어슬렁 산책하다가 아름다움과 신비로움이 공존하는 이곳에 들러 크림소다를 마셔 보고 싶다. 그럼 일상의 피로도 날려 버릴 수 있을 것만 같다.

파란 벽에는 무수히 많은 액자가 걸려 있다.
사진이 잘 나오기 때문에 이곳에서 사진을 안 찍는 손님은 없다.

유명 메뉴인 '니카이 크림소다'(715엔). 카페의 테마 컬러인 파란색 소다에 프랑스산 요구르트 아이스크림과 블루베리 소스가 올라가 있다. 깃발도 사랑스럽다.

A 스테인드글라스 전문점 'nido(니도)'의 아이템. 테이블 위의 캔들 홀더는 특별 주문한 것이다.

B 가게 안에 놓여 있는 필름 카메라. 소품들도 낭만이 가득하다.

INFO.

도쿄 다이토구 야나카 6-3-8 2층 +81 3-5834-2922 11:00~18:00(L.O. 음식 17:00, 음료 17:30) 매주 수요일

https://www.instagram.com/kissa.nikai/ 예약 가능(인스타그램 또는 전화로 문의)

JR · 게이세이 전철 · 도네리 라이너 닛포리역 남쪽 출구에서 도보 7분

옛 대중목욕탕의 모습이 그대로 남아 있다. 지은 지 90년이 넘은 귀중한 목조 건축물이다.

약 90년 된
대중목욕탕의 재 탄생

레본 카이사이유

レボン快哉湯

이리야

'레본 카이사이유(rebon Kaisaiyu)'는 1928년 문을 연 대중목욕탕 '카이사이유(快哉湯)'를 개조한 카페다.

콘셉트는 '기억을 잇는 카페'. '레본'은 재생을 의미하는 'reborn'에서 따온 것으로 그 이름처럼 역사 깊은 대중목욕탕의 모습을 소중히 간직한 채 카페로 다시 태어났다. 나무로 만든 신발장이나 체중계, 대중목욕탕의 얼굴이라고 할 수 있는 목욕탕 벽화 같은 인테리어 요소와 사람들이 모여서 대화하는 공간으로서의 존재 방식은 그대로다. 목욕탕에 대한 기억이 이 카페에서 계속 이어지고 있는 셈이다.

명물인 직접 만든 아이스크림은 농장에서 직접 납품받은 과일을 사용하며 상쾌하고 자연스러운 단맛이 매력적이다. 이곳의 역사를 느끼면서 욕탕에 몸을 담그듯 느긋하게 시간을 보내면 마음마저 따스해지는 듯하다.

A 예스러우면서도 신선함이 느껴지는 내부.

B 대중목욕탕이었던 당시에 그려진 후지산 벽화가 그대로 남아 있다.

C 탈의실의 추시계가 여전히 걸려 있다. 바늘은 멈춰 있지만 옛 정서를 느낄 수 있다.

INFO.

도쿄 다이토구 이리야 2-17-11 +81 3-5808-9044
10:00~18:00 비정기휴무
평일만 가능(전화로 문의)
도쿄 메트로 히비야선 이리야역 4번 출구에서 도보 2분, JR · 게이힌토호쿠선 우구이스다니역에서 도보 9분

커피와 아이스크림의 마리아주를 즐길 수 있는 'Coffee & Ice Cream Mariage Plate 블루베리 & 운남(雲南) 커피'(980엔). 이 밖에도 세 가지 맛이 더 있다.

처음 보는
로스터기의 박력

Factory & Labo
칸노 커피
神乃珈琲

메구로

초봄에는 입구에 식물이 무성하고
잎 사이로 햇빛이 비친다.

Ⓐ '후르츠 산도'(605엔)와 칸노 커피의 스페셜티 커피를 사용한 '블렌드 가미이리'(550엔).
Ⓑ 빛을 한몸에 받고 있는 전면의 커다란 통유리창.

가쿠게이다이가쿠역에서 10분 정도 메구로 거리를 걷다 보면 모습을 드러내는 'Factory & Labo Kanno Coffee'. 삼각 지붕에 통유리로 된 외관이 눈길을 끈다.

가게 이름에 'Factory'가 들어 있듯이 2층까지 관통하는 커다란 로스터기가 매장의 대부분을 차지한다. 이렇게 큰 공장에서 원두가 볶아지는 모습을 볼 수 있는 곳은 이곳이 유일할지도 모른다. 압도적인 기계의 규모와는 대조적으로 한 잔의 커피를 준비하는 모습은 섬세하다.

2층에는 햇빛이 쏟아져 들어오는 큰 창과 넓은 공간이 펼쳐져 있다. 공장을 연상시키는 거칠고 울퉁불퉁한 철근과 원목이 조화를 이루는 모던한 인테리어는 편안하게 커피를 즐길 수 있게 디자인되었다. 이곳은 로스팅 공장부터 손님을 맞이하는 공간까지 모두 즐길 수 있는 그야말로 커피를 위한 가게다.

내부 중앙에 있는 로스터기. 주인장이 엔지니어와 함께 설계했다.

INFO.

도쿄 메구로구 주오마치 1-4-14 | +81 3-6451-2823 | 9:00~20:00(L.O.19:30)
연중무휴 | https://kannocoffee.com/ | 예약 불가
도큐토요코선 가쿠게이다이가쿠역 동쪽 출구에서 도보 10분

다자이 문학을 읽으며 커피를 즐기는

코히 마쓰이쇼텐

珈琲松井商店

미타카

버스에서 내리면 언뜻 평범한 주택가. 그런 거리에 갑자기 등장하는 '코히 마쓰이쇼텐'.

미타카에는 작가 다자이 오사무와 관련된 장소가 많다. 렌자쿠도오리 상점가에 위치한 마쓰이쇼텐의 전신은 술과 담배를 파는 가게로, 다자이 오사무가 생전에 종종 담배를 사러 왔다고 한다. 그런 인연으로 이곳에서는 'Dazai COFFEE'라는 블렌드 커피를 주문할 수 있다.

과테말라, 브라질, 페루, 탄자니아 등 세계 여러 나라의 생두를 사용하며 매장의 로스터기로 직접 볶는다. 눈앞에서 로스팅하는 모습을 실제로 볼 수도 있다.

나무의 온기와 앤티크 도구로 둘러싸인 내부는 편안하고 느긋하게 시간을 보낼 수 있는 공간이다. 세계적인 문호를 생각하며 한가롭게 커피를 즐겨 보자.

2층이라 볕이 좋고 높은 천장 덕분에 개방감이 느껴진다.

A 직원이 직접 만든 레어 치즈케이크와 커피 또는 홍차 세트(950엔). 주문한 음료에 따라 도기 혹은 자기 잔에 내어준다.
B 다자이 오사무와 인연이 있는 곳이라 창가에는 그의 책이 죽 꽂혀 있다.
C Dazai COFFEE 드립백(194엔)은 선물하기 좋다. 다자이의 작품을 상상하며 만든 쌉쌀하지만 단맛도 나는 블렌드 커피다.
D 특이하게 반숙란이 올라가는 '소고기 블랙 카레 라이스'(1200엔). 오랫동안 푹 끓인 카레와 부드러운 반숙란의 조화는 잊을 수 없는 맛.
E 주인장의 고집이 느껴지는 커다란 자동 로스터기. 시간과 온도를 정밀하게 조절할 수 있어서 원두가 얼룩 없이 볶아진다.

INFO.

도쿄 미타카시 시모렌자쿠 2-16-10 2층 +81 422-47-2303 11:00~18:00(L.O.17:30)
매주 일요일, 수요일, 목요일 https://dazaicoffee.mall.mitaka.ne.jp/ 예약 불가
JR 미타카역 남쪽 출구에서 도보 17분, 게이오·오다큐 버스를 타고 '렌자쿠도오리쇼텐가이'에서 하차

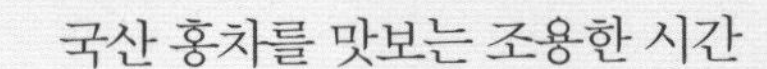

국산 홍차를 맛보는 조용한 시간

사루토리이바라 킷사시쓰

サルトリイバラ喫茶室

고엔지

내부는 차분한 분위기로 홍차의 맛을 한층 끌어올려 준다.
'국산 럼주와 흑당 숙성 케이크'(660엔)는 가벼운 럼주의 풍미가 매력적이고
어떤 홍차와도 잘 어울리는 인기 메뉴다.

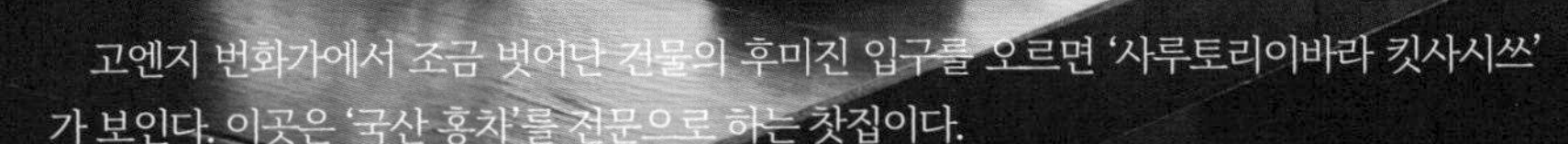

고엔지 번화가에서 조금 벗어난 건물의 후미진 입구를 오르면 '사루토리이바라 킷사시쓰'가 보인다. 이곳은 '국산 홍차'를 전문으로 하는 찻집이다.

주인장이 직접 일본 전국의 차밭을 다니며 선별한 홍차가 상시 30종류 가까이 있다. 찻잎은 개별 포장해서 판매 중이라 선물하기에도 좋다. 홍차는 생산자가 같아도 만들어진 해나 수확된 계절에 따라 향도 맛도 다르기 때문에 여러 번 방문해도 질릴 일이 없다. 주인장이 국산 무농약 식재료로 만든 식사 메뉴와 구움과자는 맛은 물론이고 홍차와의 궁합마저 훌륭하다.

홍차의 풍미를 충분히 느끼기 위해 대화는 기본적으로 자제하는 것이 좋다. 그만큼 조용하게 시간을 보내고 싶은 사람에게는 안성맞춤이다. 영국을 상징하는 브리티시 그린 컬러의 공간에 비치는 빛 속에서 느긋하게 홍차와 마주해 보자.

A 좌석 수가 많지 않아서 공간이 낙낙하다.

B 스즈키 씨의 '신시로 홍차 베니후키 첫 잎'(990엔). 홍차는 820엔부터. 메뉴 설명은 일반 버전과 간단한 버전이 있는데 꼭 일반 버전을 읽고 신중하게 홍차를 골라 보자.

C '닭고기 찰밥 플레이트'(1120엔)는 330엔을 추가하면 약선 스프가 함께 나온다. 맑은 날 먹는 요리인 찰밥을 정성껏 내어 준다.

D 가게 이름인 '사루토리이바라'는 한방약으로도 쓰이는 식물. 국제약제조리사 자격을 갖춘 주인장이 건강식을 제공하는 이 가게와 잘 어울리는 이름이다.

INFO.

도쿄 스기나미구 고엔지미나미 3-46-2 2층 +81 3-6383-2826
[월, 목~토] 12:00~20:00(L.O.19:20), [일요일, 공휴일] 12:00~19:00(L.O.18:20) 매주 화요일, 수요일
http://www.sarutoriibara-kocha.net/ 예약 불가 JR 고엔지역 남쪽 출구에서 도보 4분

작은 창으로 들어오는 빛과 우아하게 모습을 드러내는 인테리어가 마음을 편안하게 해 준다.

기와집에서
고요를 즐기는

킷사 요시노

喫茶吉野

가마쿠라

기타카마쿠라 도케이지 입구 옆에 있는 정취 깊은 기와집 '킷사 요시노'. 1970년부터 이 자리에서 많은 사랑을 받아 왔다. 기와 지붕과 벽돌로 만든 모던한 건물은 기타카마쿠라에 사는 건축가 한자와 토시로가 설계했다. 그 시크한 모습과 곱게 손질된 정원수들은 기타카마쿠라라는 아름다고 역사 깊은 거리와 닮아 있다.

문을 열면 스탠드 조명의 은은한 빛이 고풍스러운 내부를 비추고, 큰 창으로 빛이 들어와 기타카마쿠라의 조용하고 우아한 분위기가 느껴지는 듯하다.

A 창가에 놓여 있는 책과 스탠드 조명 너머로 나무들을 보고 있으면 마치 할머니 집에 온 듯한 그리움에 사로잡힌다.

B 건과일이 듬뿍 들어간 후르츠 케이크(500엔). 커피와 잘 어울리는 디저트로 개발된 추천 메뉴.

C 오픈 당시부터 변함없이 사이폰으로 내리는 커피는 진하고 구성지다.

INFO.

가나가와현 가마쿠라시 야마노우치 1379　+ 81 467-24-9245
10:00~16:30(L.O.16:00)　비정기휴무
없음　예약 가능(전화로 문의)
JR 기타카마쿠라역 정면 출구에서 도보 4분

시간 여행을 선물하는 클래식 찻집

나이를 불문하고 왠지 모르게 그리움이 느껴지는 찻집.
시간 여행을 떠난 것 같은 기분으로 마시는 크림소다와
나폴리탄에서는 각별한 맛이 난다.
한편으로는 시대에 맞춰 진화해 나가는 모습 또한 흥미롭다.

특이하게도 모서리가 둥근
커다란 창 때문에
마치 신칸센의 차창을 보는 듯하다.

열차의 차창을 빼닮은
귀여운 창문이 매력적인

킷사 로망

喫茶ロマン

다카다노바바

오사카 만국박람회에도 참여한 디자이너와 인연이 있어 가게 로고와 인테리어, 코스터 등 소품류의 디자인을 부탁했다고 한다.

70년대의 레트로, 그것은 호화로운 인테리어와는 또 다른 모던한 고요함과 아름다움을 내포하고 있다. 1969년에 문을 연 '킷사 로망'은 그야말로 70년대 레트로를 지금까지 간직하고 있는 소중한 찻집이다. 다카다노바바역 바로 근처의 주상복합건물 2층. 신칸센 차창이 떠오르는 모서리가 둥근 커다란 창이 사랑스럽고 복고미래주의(retrofuturism)의 느낌을 풍긴다.

50년이 넘는 역사 속에서 본래 밝은 색이었던 벽은 세월이 흐르고 여러 번 니스를 덧칠해 지금의 적갈색이 되었다고 한다. 3대째 계속 찾는 단골손님도 있다고 하는데, 가게의 모습뿐만 아니라 이곳을 찾는 손님을 보면 오래 사랑받아 온 역사를 알 수 있다. 커다란 창으로 보이는 경치가 달라져도 킷사 로망에 흐르는 정겹고 따스한 공기는 늘 변함없이 이곳을 찾는 사람들을 감싸 안아 준다.

A 오픈 초기부터 지금까지 인기가 많은 간판 메뉴 '스파게티 로망'(850엔)은 까르보나라에서 힌트를 얻어 탄생했다. 나폴리탄 위에 날달걀이 올라가 있어 새롭지만 어딘가 정겨운 맛이다.

B '이것이 바로 킷사텐의 멜론 크림소다'라고 말하듯 아주 전통적인 모습이다. '심플 이즈 베스트'를 외치는 크림소다(800엔).

C 창문의 그림은 킷사 로망을 상징하는 듯하다.

INFO.

도쿄 신주쿠구 다카다노바바 2-18-11 도몬 빌딩 2층 　 +81 3-3209-5230 　 11:30~18:00(L.O.17:30)
https://www.instagram.com/roman_19690907/ 　 예약 불가
JR 도쿄 메트로 세이부신주쿠선 다카다노바바역 와세다 출구에서 도보 1분

당시 학교에서는 드물었던 식당.
모든 것이 대칭적으로 설계되어 있음을 알 수 있다.

아름다운
기하학 모양의 건축

지유가쿠인 묘니치칸

自由学園明日館

이케부쿠로

1921년에 여학교로 세워진 '지유가쿠인 묘니치칸'. 제국호텔 구 본관을 설계한 프랑크 로이드 라이트 씨가 참여한 것으로 알려진 유명 건축물이다. 1980년대에 노후화 때문에 해체 위기에 놓였지만, 사용하면서 동시에 보존하는 '동태보존(본래의 목적에 맞게 운전 및 운용할 수 있는 상태로 보존하는 것 - 옮긴이)이 일본에서 처음으로 인정받아 중요문화재로서 당시의 모습을 간직하고 있다.

건축물 곳곳에 목제 창틀이나 창살이 기하학적으로 디자인되어 있어 그 아름다움에 시선을 빼앗기게 된다. 그중에서도 가장 눈길을 끄는 것은 식당의 커다란 창이다. 빛이 들어오고 느긋한 시간이 흐른다. 당시 여학생들의 생활상을 떠올리면서 마시는 커피는 이곳에서만 맛볼 수 있는 특별한 것이다. 참고로 찻집은 건축물을 견학하는 사람만 이용 가능하다고 한다.

A 과거 예배에 사용되었던 방. 기하학 모양이 그려져 있는 창 너머로 봄, 여름, 가을, 겨울 사계절의 풍경이 펼쳐지고 이곳을 찾는 사람들의 눈을 즐겁게 해 준다.

B 라이트 씨가 같은 시기에 지은 제국호텔 구 본관과 마찬가지로 대칭적인 외관.

찻집도 이용할 수 있는 견학 티켓(800엔)을 구매하면 구움과자와 음료(커피 혹은 홍차)도 즐길 수 있다. 견학만 할 경우의 요금은 500엔(중학생 이하 무료)이다.

INFO.

도쿄 도시마구 니시이케부쿠로 2-31-3 +81 3-3971-7535 10:00~16:00(L.O.15:30)
매주 월요일(공휴일인 경우 다음 날인 화요일), 비정기휴무 https://jiyu.jp/ 예약 불가
JR·도쿄 메트로·도부 철도·세이부 철도 이케부쿠로역 메트로폴리탄 출구에서 도보 5분

다다미방의 좌식 테이블석. 둥근 테이블에 둘러앉아 느긋하게 시간을 보낼 수 있다.

고타쓰에서 편안하게
즐기는 차 한 잔

삼포타 카페 논비리야

散ポタカフェのんびりや

야나카

위쪽에 붙어 있는 커브 미러. 무슨 용도일까?

일본 옛 거리의 모습이 남아 있는 야나카. 그런 번화가의 정서가 가득한 주택가 한편에 위치한 '삼포타 카페 논비리야(Sampota Cafe Nombiriya)'에서는 겨울에 무려 따뜻하고 부드러운 고타쓰에 앉아 찻집을 즐길 수 있다. 가게 이름인 '삼포타'는 걷는 '산책'과 오토바이나 자전거로 내키는 대로 달리는 '포타링(pottering)'을 합친 조어. 인생을 산책하다가 잠시 들러 느긋하게 시간을 보냈으면 하는 바람이 담겨 있다.

주인장의 바람처럼 흑백 TV가 놓여 있는 다다미 거실의 내부에는 시골 할머니 집 같은 한가로운 분위기가 느껴진다. 고타쓰에 들어가면 더 완벽해진다.

매장에 흐르는 아일랜드 전통음악을 들으면서 낮에는 전통 가옥 카페로, 밤에는 바로 즐겨 보자.

인기 메뉴인 '오므라이스(블랙)'(1200엔). 노란 달걀 아래에 숨어 있는 오징어먹물 밥. 충격적인 비주얼과 달리 한 입 먹으면 계속 먹게 된다.

A 주문과 동시에 굽는 간판 메뉴 크렘브륄레(500엔). 사랑스러운 식기들도 매력적이다.

B 지은 지 100년 된 상가를 개조한 카페. 가게 앞에는 버스 정류장처럼 영업 시간이 적힌 판넬이 서 있다.

INFO.

도쿄 다이토구 야나카 5-2-29 +81 3-6879-5630
[월, 화, 금] 11:30~15:00, 18:00~23:00, [주말 및 공휴일] 11:00~23:00 매주 수요일, 목요일
https://nonbiriya.jp/ 예약 가능(전화 또는 공식 홈페이지로 문의)
도쿄 메트로 지요다선 센다기역 1번 출구에서 도보 6분, JR · 게이세이 전철 · 도네리 라이너 닛포리역 남쪽 출구 혹은 동쪽 출구에서 도보 8분

입구부터 안쪽까지 이어지는 두툼하고 멋진 통나무 카운터. 안쪽 선반에 놓여 있는 잔도 아름답다. 어느 잔에 담아낼지는 주인장 마음이기 때문에 기대하게 된다.

나무가 주인공인
클래식하고 고풍스러운 세계

코히테이

皇珈亭

이케부쿠로

눈부시게 빛나는, 구리로 만든 설탕 주전자는 주인장이 매일 거르지 않고 닦아 온 것이다.

'코히테이'는 북적거리는 이케부쿠로 거리의 오아시스 같은 곳이다. 세계 각지의 원두를 볶아서 판매하는 야마시타 커피가 운영하는 곳이라 커피에 대한 고집도 한층 깊다.

숯불로 볶은 원두에 뜨거운 물을 끊지 않고 부으면서 커피를 내린다. 추출을 짧게 하기 때문에 통상의 배 이상인 25그램이나 되는 원두를 사치스럽게 사용한다. 주문과 동시에 정성스레 내린 한 잔을 입에 가까이 가져가면 진한 향에 압도당한다. 하지만 깔끔해서 마시기 편하기 때문에 블랙을 따뜻하게 마시는 것을 추천한다.

풍미가 깔끔해 매일 마시고 싶어지는 이 맛은 오픈 이래 손님들의 일상에 친근하게 다가간 이 가게의 존재 방식 그 자체다. 훌륭한 디저트와 함께 커피의 시간을 즐겨 보자.

Ⓐ '호박의 여왕'이라 불리는 '앙브루 두 레누'(810엔). 드립 엑기스 위에 생크림을 띄운 최고의 한 잔. 오픈 초기부터 사랑받아 온 오리지널 메뉴.

Ⓑ 직접 로스팅한 원두를 판매하기 때문에 집에서도 즐길 수 있다. 직원들이 모두 커피 인스트럭터 자격을 갖추고 있으니 맛있게 내리는 법을 물어 보자.

오래된 자재를 사용해 고풍스러우면서도 세련된 인테리어. 어두운 색감으로 통일되어 있어 마음이 편안하다.

INFO.

도쿄 도시마구 히가시이케부쿠로 1-7-2 히가시코마 빌딩 1층 · +81 3-3985-6395 · 11:00~22:30(L.O.22:00)
연중무휴 · https://twitter.com/coffeetei · 예약 불가
JR · 도쿄 메트로 · 도부 철도 · 세이부 철도 이케부쿠로역 29번 출구에서 도보 1분

둥근 창으로 엿보는
그리운 정경

킷사 줄리앙

喫茶ジュリアン

후지사와

둥근 창으로 들어오는 빛이 그리움을 불러일으키는 이 가게는 1965년에 문을 연 '킷사 줄리앙'이다. 벽돌색 외관과 크고 둥근 창, 호박색 커튼은 말로 형언할 수 없는 복고적인 느낌을 연출한다. 마치 드라마의 등장인물이 된 것 같은 기분이 든다.

그리고 임팩트 있는 두 가지 색의 소다! 어린 시절을 추억하게 하는 맛이다. 파르페나 샌드위치 같은 메뉴들도 즐기다 보면 무심코 마음도 눈물샘도 느슨해진다.

A 인기 메뉴인 '페어 소다'(780엔). 멜론 소다 위에는 바닐라 아이스크림, 딸기 소다 위에는 생크림이 올라간다.

B 추억을 소환하는 창가의 마작 게임 테이블. 더 이상 작동하지 않아 괜히 더 그리워진다.

C 큰 창으로 들어온 빛이 호박색 인테리어를 비춘다. 이 창가 자리는 많은 사람이 탐내는 자리다.

INFO.

가나가와현 후지사와시 후지사와 110　　+81 466-22-7955　　[월~금] 10:00~18:00, [토] 11:00~18:00
매주 일요일, 공휴일　　없음　　예약 가능(전화로 문의)
JR · 오다큐선 · 에노시마 전철 후지사와 북쪽 출구에서 도보 3분

A 큰 객실의 스테인드글라스는 세계 유산으로 등록된 러시아 에르미타주 미술관의 '대사의 계단'을 그린 것이다.

B 진한 초콜릿 풍미에 크림을 듬뿍 올린 '코조 특제 아이스 코코아'(700엔)와 질 좋은 우유를 디저트처럼 즐길 수 있는 밀크 쉐이크(700엔).

C 입구에서부터 맞이해 주는 기사 장식이 다른 세계에 대한 설렘을 느끼게 해 준다.

샹들리에와 스테인드글라스 덕분에
마치 성에 온 듯한 기분이 드는

킷사 코조

喫茶古城

우에노

1963년에 문을 연 '킷사 코조'는 찻집의 발상지라고 불리는 우에노에서 여전히 영업 중인 오래된 찻집이다. 푸릇푸릇한 공원이나 미술관, 동물원과 가까워서 산책을 하다가 들르곤 한다.

커다란 기사가 그려진 스테인드글라스의 환영을 받으며 안으로 들어가면 샹들리에와 더 큰 스테인드글라스가 반짝이고, 유럽의 고귀한 궁전 같은 공간이 기다리고 있다. 미술관에 온 것처럼 부드럽고 낙낙한 소파 자리에 앉아 느긋하게 시간을 보낼 수 있는 휴식 공간이다.

INFO.

도쿄 다이토구 우에노 3-39-10 지하 1층 　 +81 3-3832-5675 　 9:00~20:00(L.O.19:30)
매주 일요일, 공휴일 　 https://www.instagram.com/kojyo_kyoko/ 　 예약 불가
JR · 도쿄 메트로 우에노역 아사쿠사 출구에서 도보 4분, 도쿄 메트로 우에노역 1번 출구에서 도보 2분, 게이세이혼선 게이세이우에노역 정면 출구에서 도보 7분

'불순함'의 정석을 보여주는
레트로 찻집

불순한 찻집 도프

不純喫茶 ドープ

나카노

간판 메뉴 나폴리탄(980엔). 쫄깃쫄깃한 굵은 면을 사용해 달달한 케찹 소스가 잘 감긴다.

'서브컬처의 성지'라고 불리는 나카노 브로드웨이를 빠져나오면 '불순한 찻집 도프(Dope)'가 있다.

역사가 느껴질 만큼 인테리어가 복고적이지만 사실 2020년에 문을 열었다. 30년도 더 된 찻집을 이어받아 벽이나 가구, 소품 등을 최대한 그대로 사용해 과거와 현재를 이어 주고 있다.

가게 이름인 '불순한 찻집'이란 본래 술을 제공하지 않는 가게를 의미하는 '순수 찻집'의 기본 메뉴에 술을 추가했다는 의미를 담고 있다. 네온이 빛나는 수상하고 이상한 이름에 괜스레 심장이 두근거린다. 과거의 찻집을 아는 세대에게는 그리움을, 젊은 세대에게는 신선함을 주는 '네오레트로' 찻집이다.

INFO.

도쿄 나카노구 아라이 1-9-3 그레이스 힐 TMY 2층 　 없음
12:00~21:00(L.O. 음식 20:00, 음료 20:30) 　 연중무휴
https://tokyogyozac.official.ec/, https://www.instagram.com/kissadope/
예약 불가(생일 플랜만 가능)
JR · 도쿄 메트로 도자이선 나카노역 북쪽 출구에서 6분

A 간판 메뉴인 크림소다(640엔). 멜론, 블루 하와이, 꿀 레몬, 딸기, 포도, 복숭아로 총 여섯 종류와 알코올을 넣은 크림소다 하이도 있다.

B 아이콘인 체리 모양의 네온사인.

C 입구에는 정겨운 식품 샘플 쇼케이스가 있다.

D 낡은 것을 그대로 사용함으로써 드러나는 진정한 레트로 느낌.

숲속에서 잠깐 쉬는 듯한
뜻밖의 기쁨

동구리야

どんぐり舎

니시오기쿠보

앤티크로 가득한 내부.
이곳에서만 맛볼 수 있는 세계관을 즐길 수 있다.

A 카페오레(630엔)와 잼 토스트 세트(750엔)는 두껍게 썬 빵에 직접 만든 잼이 잘 어울린다.
B 사랑스러운 도토리 모양의 스테인드글라스가 커다란 창으로 들어오는 빛을 받아 빛난다.

나무에 둘러싸인 아치형의 문. 동화처럼 숲속의 산장을 연상시킨다.

담쟁이덩굴에 둘러싸인 흰 벽의 집. '동구리야'는 동화에 나올 법한 분위기를 풍기는 찻집으로 1974년에 문을 열었다. 우드 인테리어에서 따스함이 느껴진다. 우드 판넬 벽은 가게의 역사를 보여주듯 조청색으로 바뀌었다. 아치 모양의 창이나 어항을 뒤집어 놓은 듯한 조명도 사랑스럽다. 조용한 주택가의 분위기와도 잘 어울리고 방문하는 사람들을 편안하게 맞이해 준다.

커피에 대한 주인장의 철학이 뚜렷해 취급하는 원두는 일주일에 세 번 아침에 직접 볶는다. 덕분에 커피의 맛을 꽉 채운 향기롭고 쌉쌀한 한 잔을 맛볼 수 있다.

숲속에 있는 작은 집에서 느긋하게 휴일을 보내 보면 어떨까?

INFO.

도쿄 스기나미구 니시오기키타 3-30-1 　+81 3-3395-0399 　10:00~21:00(L.O.20:30) 　연중무휴
https://twitter.com/do_n_gu_ri_ya 　예약 불가 　JR 니시오기쿠보역 북쪽 출구에서 도보 3분

희미한 조명과 자연광이 조화를 이루는 클래식한 공간.

영원한 클래식의 품격

무사시노 코히텐

武蔵野珈琲店

기치조지

이노카시라 공원을 향하다가 광택이 나는 나무 문을 열면 시간이 멈춘 듯한 위로의 공간이 펼쳐진다. 1982년에 문을 연 '무사시노 코히텐'이다.

'순수 찻집'이라는 말이 잘 어울리는 클래식하고 차분한 이 공간에서는 시간이 천천히 흐른다. 오픈 이래 늘 변함없는 맛의 커피는 만델링, 브라질, 콜롬비아 등 일곱 종류의 원두를 블렌딩한 것. 천 필터로 추출하는 넬 드립으로 내린 한 잔은 깊은 풍미를 자랑한다. 40년 이상 많은 사람에게 사랑받아 온 이유를 이곳에 오면 단번에 알아차릴 수 있다.

INFO.

도쿄 무사시노시 기치조지 미나미초 1-16-11 오기우에 빌딩 2층
+81 422-47-6741 11:00~22:00(L.O.21:30)
연중무휴 https://oishicoffee.com/ 예약 불가
JR · 게이오 이노카시라선 기치조지역 남쪽 출구에서 도보 3분

A 주인장이 직접 만든 푸딩(530엔)은 마다가스카르산 바닐라빈을 사용했다. 단단하고 부드러운 식감에 진한 맛이 난다.

B 창가 좌석은 벽에 둘러싸인 듯 놓여 있고 창밖으로 상점가가 내려다 보인다.

Ⓐ 원두를 숯불에 볶은 오리지널 커피(850엔)는 떫은 맛이 적고 깔끔하다. 커피의 짝꿍으로 직접 만든 시폰케이크(500엔)를 추천한다.

Ⓑ 매장은 메이지도오리에서 모퉁이를 돌자마자 보이고 건물과 건물 사이에 위치한다.

정성이 필요한 사랑스러운 시간

차테이 하토

茶亭羽當

시부야

'차테이 하토'는 1989년에 문을 연 오래된 커피 전문점이다. 엄선한 원두를 사용해 한 잔 한 잔 정성스럽게 핸드 드립으로 내리는 커피를 추구하는 곳이라 평일, 휴일을 불문하고 늘 북적인다.

원두의 종류에 따라 넬 드립 혹은 페이퍼 드립으로 내리며 항상 최고의 한 잔을 제공하려 한다. 이런 수고와 정성은 이곳을 오랫동안 소중히 간직하고 싶게 만든다. 시부야에 쇼핑을 하러 왔던 영화를 보러 왔던 점심을 먹으러 왔던 이곳에 오면 누구나 틀림없이 만족하는 한 잔을 맛볼 수 있다.

어두컴컴한 내부를 비추는 테이블 램프.

INFO.

도쿄 시부야구 시부야 1-15-19 후타바 빌딩 2층　+81 3-3400-9088　11:00~23:00(L.O.22:00)
연중무휴　https://www.instagram.com/hatou_coffee_shibuya/　예약 불가
JR · 게이오 이노카시라선 · 도쿄 메트로 · 도큐 전철 시부야역 동쪽 출구에서 도보 3분

정겹지만
왠지 모르게 새로운

가야바코히

カヤバ珈琲

야나카

고풍스러운 창문 유리는 이제 더 이상 생산되지 않는 귀한 불투명 유리다.

도쿄의 정겨운 번화가 야나카 거리의 숨결이 느껴지는 찻집 '가야바 코히'는 아침의 빛과 함께 찾아오는 사람들로 북적인다.

1938년 문을 연 이래 동네 사람들의 마음을 촉촉하게 적셔 온 이곳은 어느새 야나카를 대표하는 찻집이 되었다. 한 번 문을 닫은 바 있지만 아쉬워하는 목소리에 다시 부활했다. 예스러운 풍경을 간직하면서 온고지신의 정신으로 새로운 메뉴도 추가하면서 진화해 왔다.

지은 지 100년이 넘은 건물 내부는 조용한 공기 속에서 어딘가 모르게 따스함이 느껴진다. 근처에 사는 단골손님부터 멀리서 찾아오는 손님들까지 모두 주문하는 간판 메뉴는 계란 샌드위치. 리뉴얼해서 옛날과 완전히 다른 형태로 아름다워진 그 맛은 그리움과 새로운 멋이 공존하는 이 공간을 상징하는 명물이다.

내부의 모습.
액자 모양의 문이 특이하다.

간판 메뉴인 '다마고 샌드'(1200엔). 쫄깃쫄깃한 빵에 부드러운 달걀. 딜 마요네즈를 발라 허브의 상쾌한 향이 두드러진다.

A 본래 상가 겸 주택으로 1916년에 지어진 2층 목조 건물.

B 신발을 벗고 2층으로 올라가면 좌식 테이블이 나온다.

C 당시의 사진이 걸려 있다. 이 거리에서의 변천사가 보이는 듯하다.

INFO.

도쿄 다이토구 야나카 6-1-29 +81 3-5832-9896
8:00~18:00(L.O.17:30) 매주 월요일(공휴일인 경우 다음 날인 화요일)
https://www.instagram.com/kayabacoffee/ 예약 가능(전화 또는 예약 사이트 https://yoyaku.toreta.in/kayabacoffee)
JR · 게이세이 전철 · 도네리 라이너 닛포리역 북쪽 출구에서 도보 10분, 도쿄 메트로 지요다선 네즈역 1번 출구에서 도보 10분

달마, 초롱불, 인형 등
다양한 장식품이 놓여 있는 벽돌 난로.

신비롭고 차분한
오래된 찻집

사보우루

さぼうる

진보초

입구에 놓여 있는 토템 폴(토템을 상징하는 도안을 새긴 기둥 - 옮긴이)과 내부에 있는 달마. 문화의 융합이 느껴지는 신비로운 이 찻집은 1955년 문을 연 노포 '사보우루'다.

2층과 반지하에도 공간이 있는 입체적인 구조가 흥미롭다. 이곳만의 분위기를 만드는 다양한 소품은 사실 손님들이 하나씩 가져온 것. 손님들과 함께 쌓아온 소중한 역사가 보이는 듯하다.

그런 긴 역사 속에서 생긴 단골손님을 소중히 여기는 한편, 딸기 주스나 크림소다에 새로운 색을 추가하는 등 시대의 변화에 맞춘 신메뉴 개발에도 여념이 없다. 이처럼 긍정적인 지향을 통해 노포는 더욱 사랑받으며 계승될 것이다. 한 번 오면 다시 또 찾게 돼 어느새 단골손님이 되어 버릴 것만 같다.

A 2층과 반지층이 있어서 넓게 느껴지는 내부.

B 크림소다(800엔)는 총 일곱 가지 색. 멜론, 딸기, 블루 하와이, 레몬, 포도, 오렌지, 칼피스.

C 바로 옆에 있는 자매점 '사보우루 2'에서는 주로 식사 메뉴를 즐길 수 있다. 나폴리탄(900엔)은 기본으로 시켜도 압도당할 만큼 양이 많다.

D 부동의 인기 메뉴 '피자 토스트'(850엔). 양파, 피망, 버섯, 베이컨에 쭉 늘어나는 치즈의 조합은 참을 수 없다. 빵 전문점 '산와로란'의 빵은 푹신푹신하면서 파삭파삭하다.

INFO.

도쿄 지요다구 간다 진보초 1-11
+81 3-3291-8404
11:00~19:00(L.O.18:30)
매주 일요일, 공휴일은 비정기휴무
https://www.instagram.com/sabor_jimbocho/
예약 불가
도쿄 메트로 한조몬선 도에이 지하철 진보초역 A7 출구에서 도보 1분, JR 오차노미즈역 오차노미즈바시 출구에서 도보 6분

커피 위에 생크림을 올린 '비엔나 커피'(600엔)는 사실 라도리오가 원조다. 생크림이 뚜껑이 되어 커피가 잘 식지 않기 때문에 책을 읽거나 긴 회의를 하는 손님들 사이에서 인기가 많았다.

뒷골목에 살아 숨쉬는 역사

라도리오

ラドリオ

진보초

A 창가 자리는 인기가 많다. 앤티크 가구와 예쁜 잡화로 둘러싸여 힐링된다.

B 문학가나 예술가들의 교류의 장이 된 이 가게에는 디자인 굿즈와 작품이 많다.

역사 깊은 헌책방 거리 진보초를 산책한 후에는 꼭 이곳에 온다. 옛 분위기가 짙게 남아 있는 '라도리오'는 많은 문화인과 학생들에게 사랑받아온 찻집이다.

1949년 오픈 초기에는 문학가나 예술가들이 모이는 장으로서 인기를 떨쳤고, 신출내기 예술가들에게 작품 대금 대신 커피를 내주는 인정 넘치는 일화도 전해진다. 그런 따뜻한 분위기가 그대로 남아 있는 이곳은 이제 정겨운 찻집 투어를 좋아하는 젊은 사람들도 방문하는 공간이 되었다. 그야말로 시대를 넘어 사랑받는 '거리의 찻집'이다.

INFO.

도쿄 지요다구 간다 진보초 1-3　+81 3-3295-4788
[평일] 11:30~22:30(L.O.22:00), [주말 및 공휴일] 12:00~19:00(L.O.18:30)　매주 화요일
https://www.instagram.com/jimbocho_ladrio/　예약 불가
도쿄 메트로 한조몬선 도에이 지하철 진보초역 A7 출구에서 도보 2분

심혈을 기울여 만든 한 잔은
사이폰부터

코히분메이

珈琲文明

요코하마

도큐토요코선 하루라쿠역을 나와 바로 보이는 예스러운 롯카쿠바시 상점가. 이곳을 걷다 보면 '코히분메이'의 간판이 보인다.

문을 열고 들어가면 바깥 풍경과는 완전히 대조적인 고풍스럽고 차분한 공간이 펼쳐진다. 언뜻 정통 레트로 찻집인가 싶지만 안쪽에 가로등이 서 있고 천장을 올려다보면 조명과 천장의 그림으로 연출된 파란 하늘이 펼쳐져 있는 참신하고 독특한 공간이다. 자줏빛 하늘에 별이 반짝이는 밤하늘로 점차 바뀌는 아름다운 경치를 보며 마시는 커피는 사치스러운 맛이다.

A 전 세계 생산량의 5퍼센트 이하라고 알려진 세계 최고 등급의 스페셜티 커피를 아낌없이 사용한 '직접 만든 커피 젤리'(660엔, 음료와 세트로 주문하면 390엔).

B 주인장이 커피를 내리는 모습은 군더더기 없고 고상하다.

C 주문하자마자 사이폰으로 내리는 커피. 오래전부터 뿌리 깊은 팬이 많다.

D 26분 주기로 아침에서 밤으로 변화하는 천장 극장. 밤하늘에 4분 동안 빛나는 별은 볼거리다.

INFO.

가나가와현 요코하마시
가나가와구 롯카쿠바시 1-9-2
+81 45-432-4185
11:30~19:00(L.O.18:45)
매주 화요일, 수요일
https://coffeebunmei.com/
평일만 예약 가능(전화로 문의)
도쿄토요코선 하쿠라쿠역
1번 출구에서 도보 3분

나무의 온기가 느껴지는 내부는 옛 창고의 모습이 남아 있다.

낭만 넘치는 빨간 벽돌집

Coffee Bricks

하치오지

모형 엔진 수집가이기도 한 주인장의 컬렉션이 박물관처럼 전시되어 있다.

가타쿠라조시 공원 옆 아름다운 빨간 벽돌이 매력적인 'Coffee Bricks'. 유네스코 세계유산으로 등록되어 있는 도미오카 제사장과 같은 공법으로 만들어진 100년 된 쌀 창고를 개조해서 1990년에 문을 열었다. 박공지붕을 한 외관은 일본과 서양 건축물을 결합한 듯한 형태로 독특해서 눈길을 끈다.

내부는 벽과 테이블이 모두 나무로 되어 있어 고풍스러우면서 온기가 넘치는 공간이다. 멋진 들보와 기둥의 존재감도 창고의 역사를 느끼게 해 준다. 나무판으로 댄 벽 곳곳에 건물의 빨간 벽돌이 보이는 것 또한 멋있다. 지금은 찾아보기 힘든 코크스 난로나 손으로 돌리는 축음기, 주인장이 취미로 모은 모형 엔진 등 넘치는 로망이 마음을 간지럽힌다. 아름다운 커피를 한 손에 들고 역사 깊은 공간에서 최고의 한때를 보내 보자.

A 오래된 축음기와 스피커가 놓여 있다.

B 주인장이 직접 볶은 커피 원두를 핸드 드립으로 내린다. 뜨거운 물의 온도까지 철저하게 측정해서 변함없는 맛을 약속한다. '브릭스 블렌드'(550엔).

C 직접 만든 시폰케이크는 음료 가격에 350엔을 더 내면 먹을 수 있다. 가득 올린 크림은 럼주가 숨겨진 맛으로, 깔끔한 케이크와의 궁합이 훌륭하다.

중후한 분위기를 풍기는 벽돌 건물 외관. 이 건물만 해도 볼 만한 가치가 있다.

INFO.

도쿄 하치오지시 가타쿠라초 2434　+81 426-37-0296

[금, 토] 11:00~17:30, [일요일 및 공휴일] 13:00~17:30(L.O.17:00)　월~목　없음　예약 불가

게이오선 게이오가타쿠라초역에서 도보 7분, JR 가타쿠라초역 1번 출구에서 도보 5분

찻집 100배 즐기기

촬영 편

카페나 찻집에서 먹음직스러운 음료나 요리, 멋진 인테리어를 매력적으로 촬영하기 위한 도라노코쿠의 팁을 정리해 보았습니다.

(1) 빛을 비추는 법

카페의 분위기나 요리의 색감을 살리기 위해서는 부드러운 자연광을 잘 활용하는 것이 중요합니다. 창가 자리에서 빛의 강도를 조절하면 아름다운 그림자가 생기고 음식과 음료가 예쁘게 찍힙니다.

(2) 구도 탐구

같은 피사체라 해도 촬영 각도에 따라 인상이 달라집니다. 예를 들어 바로 위에서 내려다보듯 찍거나 피사체를 화면 가득 들어오게 찍는 등 다양한 구도로 촬영해 봅시다.

(3) 색채 조정

촬영 후 색채 조정은 분위기나 요리의 색감을 재현하기 위해 중요합니다. 스마트폰 설정으로 밝기나 대비, 채도를 조정해서 깊이와 선명도를 끌어올려 봅시다.

마지막으로 카페에서 촬영을 하기 전에는 미리 허락을 구하는 것을 추천합니다. 운영자나 직원과 대화를 나눠 보면 매장 이용 매너를 알 수 있습니다. 또 주변 손님들에게 폐를 끼치지 않도록 배려하면서 촬영하는 것이 좋습니다.
사진이라는 멋진 기록은 그날의 내 시선이 향한 곳이자 영원히 사라지지 않는 유산이 됩니다.

촬영을 허락하지 않는
가게도 있으니 미리 홈페이지나
SNS를 확인해 보세요.

책과 음악이 어우러진 레트로 카페

커피를 한 손에 들고 책이나 음악을 즐기는 공간은
일상 속에 있으면서 집과 다른 특별한 기분에 잠기게 해 준다.
마음에 드는 책 한 권 혹은 음악 한 곡과 함께라면
그곳이 천국이 아닐까.

클래식한 콘서트홀 같은

명곡 킷사 라이온

名曲喫茶ライオン

시부야

100년 가까이 된 클래식한 '명곡 킷사 라이온'. 음악 감상에 최적화된 분위기를 유지하기 위해 오픈 초기부터 사용한 가구와 인테리어가 그대로 남아 있어 마치 시간 여행을 떠난 듯하다.

매장에 놓여 있는 거대한 스피커는 초대 점장인 야마데라 야노스케가 특별 주문한 제품으로 입체적인 소리가 자랑거리다. 매일 15시와 19시에는 콘서트가 열리는데 스태프가 짠 셋리스트(Set list)가 손님들을 사로잡는다. 그외의 시간에는 신청곡도 틀어 주기 때문에 이 공간에서 좋아하는 곡을 꼭 즐겨 보자. 조용히 음악 소리에 잠기기 위해 사진 촬영과 대화는 금지한다. 눈앞에 있는 공간과 음악을 즐기는 방법을 다시 한번 확인시켜 준다. 이곳에서 스마트폰의 전원을 끄고 마음 가는 대로 음악을 느껴 보자.

가구점에서 특별 주문 제작한 거대 스피커.
1950년대에 도시바의 기술자가 설계했다. 하루에 15~20곡을 재생하며, 작곡가, 지휘자, 연출가, 녹음 시간 등까지 철저히 고려해서 음악을 튼다.

대부분의 좌석이 스피커를 향하도록 배치되어 있어서 마치 열차나 버스 좌석처럼 의자가 질서 정연하게 놓여 있다.

A 똥똥하고 다소 두께가 있는 잔에 든 아이스 밀크커피(720엔). 굵게 간 원두를 진하게 내린 넬 드립은 초대 점장이 런던에서 배운 방식을 이어받았다.

B 천장 없이 1층과 2층이 연결된 내부. 레코드와 CD는 5000장이 넘어 신청곡을 찾는 것만 해도 큰 일이라고 한다.

C 중후한 느낌의 벽돌로 만들어진 외관은 마치 성 같다.

INFO.

도쿄 시부야구 도겐자카 2-19-13 +81 3-3461-6858 13:00~20:00(L.O.19:30) 연중무휴
https://lion.main.jp/ 예약 불가 JR 게이오 이노카시라선 도쿄 메트로 도큐 전철 시부야역 서쪽 출구에서 도보 10분

나뭇결 무늬의 가구와 앤티크 장식품이 가득한 차분한 분위기. 벽에 걸려 있는 그림은 화가이기도 했던 미마사카 씨의 것이다.

울리는 소리에 귀를 기울이며
더없는 행복한 시간을 보내는

명곡 킷사 비오론

名曲喫茶ヴィオロン

아사가야

직접 만든 케이크(250엔)와 커피(450엔)를 추천한다. 특이하게도 커피에는 브랜디를 넣을 수도 있다.

'명곡 킷사 비오론'의 주인장은 지금은 존재하지 않는 전설의 '명곡 킷사 크라시쿠'의 주인장 고 미마사카 시치로 씨의 제자다. 유럽에서 홀을 투어하고 지금 이곳 아사가야에서 이상적인 소리를 재현하기 위한 날들을 보내고 있다. 그런 부단한 노력 덕분에 태어난 소리는 정말 아름답다. 소리의 울림을 좋게 하기 위한 설계나 직접 만든 스피커, 부드러운 소리를 내는 프랑스제 앰프 등 생생한 소리를 추구하는 주인장이기에 만들 수 있는 사치스러운 공간에서 최고의 소리를 들을 수 있다.

17시까지는 레코드, 19시부터는 연주나 낭독 등 라이브를 위한 시간이다. 20년 이상 매월 셋째 주 일요일에 열리는 '21세기에 이것만큼은 꼭 남기고 싶은 SP의 명연주'도 놓쳐선 안 된다. 엄선한 레코드를 100년 된 축음기로 들을 수 있는 귀중한 기회이므로 꼭 방문해 보자.

Ⓐ 안쪽 정면에는 2미터가 넘는 직접 만든 스피커가 있다. 소리의 울림을 좋게 하기 위해 벽 주변을 골동품으로 만들거나 객석을 한 층 내리는 등 설계부터 빈 오케스트라홀을 모티프로 심혈을 기울여 만들었다.

Ⓑ 스피커 앞에 있는 100년 된 축음기는 미마사카 씨에게 선물받은 것으로 생생한 소리를 들을 수 있다.

Ⓒ 레코드는 SP(Standard Playing record). 바늘을 바꾸면 1900~1960년대 SP 레코드를 동일한 축음기로 연주할 수 있다.

Ⓓ 카운터 안쪽에 있는 프랑스제 앰프. 이상적인 소리를 듣기 위해 주인장이 고른 훌륭한 앰프다.

INFO.

도쿄 스기나미구 아사가야키타 2-9-5 　+81 3-3336-6414 　12:00~라이브 종료 시
매주 화요일 　http://meikyoku-kissa-violon.com/ 　예약 불가
JR 아사가야역 북쪽 출구에서 도보 5분, 도쿄 메트로 마루노우치선 미나미아사가야역 1번 출구에서 도보 11분

차분한 간접 조명과 관엽식물, 그리고 음악을 느긋하게 즐길 수 있는 좌석. 정기, 비정기로 콘서트도 열린다.

5000장의 레코드 가운데
고른 한 곡을 들을 수 있는

명곡 킷사 미니욘

名曲喫茶ミニョン

오기쿠보

일본을 대표하는 쳄발로 공방을 운영하는 구보타 아키라 씨가 만든 아름다운 쳄발로. 생생한 쳄발로 연주를 들을 수 있는 콘서트도 열린다.

'명곡 킷사 미니욘'은 옛 정취를 여전히 간직하며 명곡 킷사의 모습을 계승 중인 가게다.

커다란 창과 나뭇결 무늬의 레트로한 분위기, 5000장이나 되는 레코드가 꽂혀 있는 카운터는 대대로 계승되어 온 이 가게의 풍경이다. 스피커로 음악을 듣는 사치스러운 시간에 걸맞은 공간이다.

플레이리스트는 초대 주인장 후카자와 치요코 씨가 손으로 쓴 것이다. 클래식 음악뿐만 아니라 종교 음악, 바로크 음악, 전자음악까지 신청할 수 있는 것이 특징이며, 모르는 음악을 만날 수 있어 좋다. 스마트폰으로 간편하게 음악을 들을 수 있는 시대이기에 이런 특별한 공간에 울리는 음악은 더욱 아름답고, 우연히 귀에 들어온 낯선 음악과의 운명적인 만남을 있는 그대로 받아들일 수 있을지도 모른다. 이곳은 이처럼 음악을 즐기는 법을 알려주는 곳이다.

A 고급스러운 아이스 비엔나 커피(600엔)는 크림이 가득 올라간 먹음직스러운 비주얼이다. 직접 만든 쿠키(200엔)를 곁들여 보자.

B 1950년대에 만들어진 귀중한 탄노이 GRF 스피커.

C 여전히 음악을 재생할 수 있는 옛 턴테이블.

5000장의 레코드가 죽 꽂혀 있는 카운터가 압도적이다.

INFO.

도쿄 스기나미구 오기쿠보 4-31-3 마루이치 빌딩 2층 　 +81 3-3398-1758

12:00~19:00(콘서트가 열리는 날에는 시간 변동 있음) 　 매주 수요일 　 http://cafe-mignon.sakura.ne.jp/

예약 불가(갤러리 공간 제외) 　 JR 도쿄 메트로 마루노우치선 오기쿠보역 남쪽 출구 b 출구에서 도보 3분

1층에 있는 레코드장과 DJ 부스. 주인장이 DJ라서 이곳에서는 종종 음악 이벤트가 열린다.

당신과 음악이 만나는
음악의 장

카페 오토노바

カフェ・オトノヴァ

아사쿠사

천장 없이 1층과 2층이 연결되어 있어 개방감이 느껴진다.

음악을 의미하는 '오토(소리)'와 라틴어로 '새롭다'를 의미하는 '노바'. 그리고 '음악의 장'을 만들고자 하는 마음이 담긴 '카페 오토노바'. 갓파바시 도구 거리에서 벗어나면 나타나는 은둔처 같은 이곳에는 앤티크 피아노와 축음기, 정기적으로 이벤트를 열기 위한 DJ 부스도 설치되어 있는, 말 그대로 손님에게 소리를 전달하는 곳이다.

지은 지 60년 된 전통 가옥을 개조한 건물과 주인장의 취향이 느껴지는 앤티크 가구로 꾸며진 내부는 온화한 그리움을 불러일으킨다. 계절 식물과 샹들리에는 유럽에 온 듯한 분위기를 연출한다. 잔잔하게 흐르는 음악 소리와 맛있는 음식을 즐기다 보면 계속 이곳에 머물고 싶어질 것이다.

A 넓은 다락방 같은 느낌의 2층은 설렘을 안겨준다.

B 캐러멜 라떼(680엔)에는 귀여운 라떼아트가 그려져 나온다. 원두의 매력을 최대한 끌어올리며 로스팅하는 '테라 커피'에서 원두를 납품받는다.

C 직접 만든 호박 푸딩(580엔). 단단하지만 입에 넣으면 녹아내리는 식감과 호박의 향이 매력적이다.

D 스테인드글라스 문은 들어가기 전부터 기분을 들뜨게 하는 멋이 있다.

INFO.

도쿄 다이토구 니시아사쿠사 3-10-4　　+81 3-5830-7663

[월~토] 12:00~22:00(L.O. 음식 21:00, 음료 21:30), [일요일 및 공휴일] 12:00~21:00(L.O. 음식 20:00, 음료 20:30)

비정기휴무(인스타그램 참조)　　http://www.cafeotonova.net/　　예약 가능(전화로 문의)

쓰쿠바 익스프레스 아사쿠사역 A2 출구에서 도보 4분, 도쿄 메트로 긴자선 다와라마치역 3번 출구에서 도보 9분

전통 가옥에서 한 권의 책과
느긋하게 마주하는

쇼안분코

松庵文庫

니시오기쿠보

레드 와인으로 쌉쌀하게 졸인 딸기를 곁들인
단단한 푸딩과 커피가 함께 나오는 '푸딩 세트'(1320엔).
계절마다 그때그때 어울리는 것을 만들어 제공한다.

정원에는 수령이 100년 넘은 진달래 나무가 있다. 책을 읽다 고개를 들어 문득 정원을 바라보면 힐링된다.

니시오기쿠보의 고요한 주택가에 있는 '쇼안분코'. 지은 지 80년 정도 된 전통 가옥을 개조한 내부는 정원에서 들어오는 빛 덕분에 분위기가 편안하다. 낡은 것은 '낡아서 좋다'로 끝내는 것이 아니라 '지금 쓸 수 있는 것'으로 만들어 생명을 불어넣고 싶다는 주인장. 그래서인지 개조한 주방과 벽면이 과거의 것을 그대로 살린 기둥과 들보, 천장과 조화를 이뤄 새로움과 정겨움이 훌륭하게 융합된 공간이 탄생했다.

매장 안에는 오기쿠보의 서점 'Title'이 고른 신간과 주인장이 좋아하는 문고본, 지인들에게 양도받은 헌책 등이 놓여 있다. 계절마다 모습을 달리하는 정원을 바라보면서 커피를 마시고 책을 읽을 수 있는 공간이기 때문에 독서를 좋아하는 사람들에게 꼭 추천하고 싶다. 마음에 드는 책을 찾으러 도서관처럼 다니는 것도 좋다.

A 책장의 책은 자유롭게 읽을 수 있다.

B 감탕나무로 알아볼 수 있는 '쇼안분코'.

C 한국과 관련된 책과 커다란 카운터는 폐점한 교토의 '리초 킷사 리세이'에서 양도받은 것.

INFO.

도쿄 스기나미구 쇼안 3-12-22　+81 3-5941-3662　[수, 목, 일] 9:00~18:00(L.O.17:30), [금, 토] 9:00~22:00(L.O.21:30)
매주 월요일, 화요일　https://shouanbunko.com/　점심만 예약 가능(전화로 문의)　JR 니시오기쿠보역 남쪽 출구에서 도보 7분

목재의 따스함이 느껴지는 내부. 주인장 와타나베 씨가 고른 약 5000권의 책이 꽂혀 있다.

'후겐샤'는 창업 70년이 넘는 인쇄회사가 운영하는 찻집과 책방, 갤러리가 한데 모인 커뮤니케이션 공간이다.

책장에 꽂혀 있는 책은 '시대가 지나도 의미 있는 책'을 주제로 주인장이 직접 고른 것들. 갤러리의 사진전을 보러 온 사람들이 이곳에서 커피를 마시면서 평소라면 집어 들지 않았을 책을 읽는 등 책과 사진과 사람이 만나는 장이 되고 있다. 그런 만남의 축이 되는 커피는 수동 로스터기로 볶은 것. 미나미아오야마에 있던 전설의 찻집 '다이보코히텐'의 다이보 카쓰지 씨에게 전수받은 로스팅 방법으로, 뜨거운 물을 아주 가늘게 붓는 다이보 씨 스타일로 넬 드립한다. 독서와 커피는 모두 혼자서 마주하는 것. 그 시간을 소중히 여기면 인생이 더 풍요로워진다는 점을 가르쳐 주는 공간이다.

INFO.

도쿄 메구로구 시타메구로 5-3-12 +81 3-6264-3665 [평일] 12:00~19:00(L.O.18:30), [주말] 12:00~18:00(L.O.17:30)
매주 월요일, 공휴일 https://fugensha.jp/ 예약 불가
JR 도쿄 전철 메구로역 서쪽 출구에서 도큐 버스 '모토케이바조마에' 하차 후 도보 1분, 메구로역 서쪽 출구에서 도보 17분, 도큐 전철 유텐지역에서 도보 19분

A 수동 로스터기로 진하게 볶은 원두. '후겐 커피'(770엔).

B 소설이나 그림책, 사진집뿐만 아니라 아이들과 함께 온 부모들도 기뻐할 그림책 코너도 있다.

C 후겐샤가 주관하는 공모전 '후겐샤 사진상'이 있다. 그랑프리 1위에게는 무려 사진집 출판과 출판기념회 개최 권리가 주어진다. 사진 속 작품은 2021년도 그랑프리 수상자의 사진집 「몇 개 있는 빛의」(기하라 치히로).

D 원래는 가구점이었던 건물을 주택건축가 이레이 사토시 씨가 개조했다. 낙낙하고 마음 편한 공간.

E 3층의 갤러리 공간. 사진전이나 워크숍, 만담 등 다양한 이벤트도 열린다.

표지와 제목을 가린 책들이 놓여 있다. 다음에 읽을 책까지 추천해 주는 애프터 케어도 제공한다.

표지도 제목도 없는 책을
만나는 기적

후쿠로쇼사보

梟書茶房

이케부쿠로

책 모험을 떠나고 싶은 사람들에게 추천하는 곳. '후쿠로쇼사보'에서는 제목은 알 수 없고 후기와 추천하는 이유만 볼 수 있는 '후쿠로 문고'라는 책을 구매할 수 있다. 직감에 따라 고른 책 한 권이 당신의 세계를 넓히는 계기가 될지도 모른다.

판매 공간 외에 있는 책이나 잡지는 모두 자유롭게 읽을 수 있다. 내부에는 도서관이나 라운지처럼 사용할 수 있는 공간이 있어 마음에 드는 자리에서 '책과 커피'를 마음껏 즐길 수 있다.

A 갈색톤의 시크한 공간은 라운지. 창가의 2인석과 책과 마주할 수 있는 1인석을 상황에 맞게 이용할 수 있다.

B '클래시컬 푸딩'(495엔). 봉긋하게 올라간 크림 위에 캐러멜을 붓는 순간 더없는 행복이 느껴진다.

INFO.

도쿄 도시마구 니시이케부쿠로 1-12-1 Esola 이케부쿠로 4층 +81 3-3971-1020 10:30~22:00(L.O. 21:30)
연중무휴 https://www.doutor.co.jp/fukuro/ 예약 불가
JR · 도쿄 메트로 · 도부 철도 · 세이부 철도 이케부쿠로역 12번 출구에서 도보 1분

정성이 담긴 구움과자를
독서와 함께 즐기는

구루미도 킷사텐

胡桃堂喫茶店

고쿠분지

니시코쿠분지에 있는 인기 커피전문점 '구루미도 코히'의 2호점인 '구루미도 킷사텐'. 현대적이고 온화한 분위기의 우드 인테리어가 차분한 공간을 연출한다.

책장에는 다양한 사람들이 기증한 책과 자사에서 출판하는 '구루미도 출판'의 책, 스태프가 고른 신간 등 다양한 책이 꽂혀 있다. 독서의 짝꿍인 커피는 주문과 동시에 원두를 갈아서 한 잔 한 잔 핸드 드립으로 내린다. 지역과 사람과 책이 자연스럽게 연결되는 가게에서 책과의 귀한 만남을 즐겨 보자.

A 가구나 인테리어는 앤티크 혹은 오래된 자재로 만든 것들.

B 간판 메뉴인 호두 타르트(750엔). 아몬드 크림과 캐러멜 크림, 진한 앙금이 조화롭다. 수확 시기에 따라 제공되는 호두가 달라진다.

C 지역 사람들이 하나둘 기증한 다양한 책이 놓여 있는 '모치요리 북스'. 같은 책을 읽으며 만들어지는 책과 사람의 인연을 느낄 수 있는 책장이다.

D 1층 입구에서는 오리지널 드립백 커피나 구움과자를 판매한다. 가게 이름에 호두가 들어가는 만큼 호두도 판매한다.

INFO.

도쿄 고쿠분지시 혼초 2-17-3 / +81 42-401-0433 / 11:00~18:00(L.O. 음식 15:00, 음료 17:30) / 매주 목요일
https://kurumido2017.jp/ / 평일만 예약 가능(전화 또는 공식 홈페이지로 문의) / JR 세이부 전철 고쿠분지역 북쪽 출구에서 도보 5분

나오며

찻집이라는 장소가 참 좋습니다.

찻집은 오랜 시간 사랑하고 사랑받아 온 하나의 문화로,
무리해서 서로 간섭하지 않지만 누군가와 공간을 공유하는 감각은
이상하게도 마음을 편안하게 만듭니다.

공상찻집 도라노코쿠가
이 책을 만들며 바란 점은 찻집이
'오래오래 그곳에 남아 있으면 좋겠다'는 것뿐이었습니다.

SNS에서 카페의 세계를 소개하는 우리가
현실 세계를 잇는 다리가 되어
카페, 찻집이라는 존재가 영원할 수 있는
하나의 계기가 되길 바랍니다.
그리고 여러분이 바라보는 세계가 조금이라도 넓어지길 바랍니다.

마지막으로 이 책을 읽어 주신 분들의 마음에
좋은 기운이나 기쁨이 깃들고
더 풍족한 인생을 보낼 수 있기를 바랍니다.

공상찻집 도라노코쿠

레큐무 데 주르(58쪽)

◆ 지역별 색인

도쿄 카페 멋집

초판 1쇄 인쇄 2023년 11월 20일 | 초판 1쇄 발행 2023년 11월 30일

지은이 공상찻집 도라노코쿠 | 옮긴이 김슬기

펴낸이 신광수
CS본부장 강윤구 | 출판개발실장 위귀영 | 디자인실장 손현지
단행본팀 조문채, 김혜연, 정혜리, 권병규
출판디자인팀 최진아 | 저작권 김마이, 이아람
출판사업팀 이용복, 민현기, 우광일, 김선영, 신지애, 허성배, 이강원, 정유, 설유상, 정슬기, 정재욱, 박세화, 김종민, 전지현
영업관리파트 홍주희, 이은비, 정은정
CS지원팀 강승훈, 봉대중, 이주연, 이형배, 전효정, 이우성, 신재윤, 장현우, 정보길

펴낸곳 (주)미래엔 | 등록 1950년 11월 1일(제16-67호)
주소 06532 서울시 서초구 신반포로 321
미래엔 고객센터 1800-8890
팩스 (02)541-8249 | 이메일 bookfolio@mirae-n.com
홈페이지 www.mirae-n.com

ISBN 979-11-6841-718-2 (03980)

* 북폴리오는 ㈜미래엔의 성인단행본 브랜드입니다.
* 책값은 뒤표지에 있습니다.
* 파본은 구입처에서 교환해 드리며, 관련 법령에 따라 환불해 드립니다. 다만, 제품 훼손 시 환불이 불가능합니다.